Luftbefeuchtungsanlagen

Untersuchungen
und Berechnungen

Von

Dr.-Jng. Fritz Kastner

MÜNCHEN UND BERLIN 1931

VERLAG VON R. OLDENBOURG

Druck von R. Oldenbourg, München und Berlin.

I. Vorwort.

Die Luft in den Arbeitsräumen der Textilindustrie hat im Unterschied von den reinen Lüftungsanlagen für Wohnräume nicht nur den gesundheitlichen Bedingungen als Atemluft zu entsprechen, sondern sie spielt als Betriebsmittel eine wichtige Rolle, weil ihre Temperatur und Feuchtigkeit die Güte des Garnes in hohem Maße beeinflußt.

Die rechnerischen Grundlagen für den Entwurf von Befeuchtungs- und Lüftungsanlagen wurden zum erstenmal von Dr. H. Krantz wissenschaftlich untersucht und veröffentlicht (1).

Die Untersuchung der Luftbewegung und die Ermittlung, inwieweit die in obiger Arbeit niedergelegten theoretischen Erkenntnisse mit der Praxis übereinstimmen, wurde mir von Herrn Prof. Heinrich Brüggemann, München, übertragen und durch dessen Bemühungen die Möglichkeit gegeben, in einer großen Spinnerei Bayerns die Untersuchungen vorzunehmen. Zu aufrichtigem Dank ist der Verfasser dem Herrn Prof. H. Brüggemann verpflichtet, der jederzeit die Untersuchung durch wertvolle Ratschläge förderte, und der Direktion des Werkes, welche in entgegenkommender Weise Räume, Apparate und die nötigen Mittel für die Untersuchung zur Verfügung stellte.

Inhaltsverzeichnis.

Einleitung.

Die bisherige Unsicherheit in der Bemessung lufttechnischer Anlagen erkennt man am besten daran, daß auf keinem Gebiete der Technik soviel Fehlgriffe gemacht werden als beim Einbau von Luftbefeuchtungs- und Lüftungsanlagen. Die bis heute in der Praxis übliche Berechnungsart beschränkt sich darauf, den Wasserbedarf zu errechnen, der für die Befeuchtung einer bestimmten Luftmenge erforderlich ist, wobei die Lufterneuerung nach Erfahrungssätzen angenommen wird.

Das Verfahren, den Luftbedarf nach dem Maßstab der Temperatur, der Feuchtigkeit und des Wärmeinhaltes zu errechnen, hat bis heute bei den lufttechnische Anlagen herstellenden Firmen keinen Eingang gefunden, da bei Vornahme einzelner Messungen die gefundenen Werte von denen aus der Rechnung sich ergebenden zu stark abweichen.

Durch die vorliegende Abhandlung wird durch Meßergebnisse der Nachweis gebracht, daß unter Berücksichtigung aller rechnerisch erfaßbaren Werte eine praktisch genaue Bemessung lufttechnischer Anlagen möglich ist, wobei die für mitteleuropäische Verhältnisse der Berechnung zugrunde zu legenden Werte durch verschiedene Beobachtungen festgestellt wurden.

Die Frage der Luftführung konnte durch Ermittlung der Temperaturverteilung auf schon untersuchte Verhältnisse zurückgeführt werden. Die Temperaturverteilung in Spinnsälen besitzt große Ähnlichkeit mit denen in Theatern (2). In letzteren hat sich die Drucklüftung von oben nach unten als am günstigsten bewährt. Wieweit diese Richtung der Luftbewegung mit einer Querlüftung verbunden werden kann, ist erst nach Ausführung verschiedenster nach diesem Gesichtspunkt ausgeführten Anlagen zu entscheiden möglich.

Bisherige Veröffentlichungen.

Im Jahre 1872 wurde von der Société industrielle in Mülhausen (3) ein Untersuchungsausschuß gegründet zur Prüfung der Frage der Lüftung in Räumen der Textilindustrie und insbesondere, auf welche Weise die Temperatursteigerung vermieden werden kann.

Bei der Prüfung der vorgenommenen Untersuchungen durch M. Pierron konnten jedoch die zum Vergleich der einzelnen Anlagen notwendigen Größen nicht eliminiert werden, so daß sich die Veröffentlichung auf die Berichterstattung der Ergebnisse beschränken mußte.

Weitere Untersuchungen derselben Gesellschaft stammen aus dem Jahre 1891 (3).

Die Untersuchung wurde in 8 Arbeitsräumen vorgenommen und erstreckte sich über die Feststellung der eingeführten Luft- und Wassermenge und die Beobachtung der dadurch erzielten Raumtemperaturen und Feuchtigkeitsverhältnisse.

Es war die Aufgabe gestellt worden, die Einrichtung festzustellen, mit der die relative Feuchtigkeit und die Temperatur innerhalb gewünschter Grenzen eingehalten werden kann. Als höchstzulässige Temperatur hatte man 25° C festgesetzt. Es wurde die Schwierigkeit festgestellt, einen Raum genügend zu kühlen und gleichzeitig die gewünschte Feuchtigkeit zu erhalten.

Bei den nach dem mittelbaren Befeuchtungssystem arbeitenden Anlagen, welche vorbefeuchtete Luft in den Raum bringen, wurde die gewünschte relative Feuchtigkeit nicht erreicht, dagegen wurde die Raumluft im Hochsommer merklich abgekühlt.

Die unmittelbaren Befeuchtungsanlagen, die mit direkter Einführung des Wassers in die Raumluft arbeiten, erreichten eine genügende Feuchtigkeit, konnten jedoch eine Abkühlung der Raumluft nicht erzielen.

Anschließend an diese Untersuchungsergebnisse wurde die Berechnung der durch unmittelbare Befeuchtung erzielbaren Abkühlung versucht. Die für diese Berechnung angewandten Formeln sind nicht recht verständlich, seien jedoch der Vollständigkeit halber angeführt. Das aus den Zerstäubern austretende Wasser besaß eine Temperatur von 15° C. die Raumluft 28° C. Der Wärmeinhalt des Dampfes bei 28° C ist mit 606,5 kcal eingesetzt. Der Luftinhalt des Raumes beträgt:

29505 m³; das spezifische Gewicht der Luft: 1,293 kg/m³; die spezifische Wärme bei konstantem Druck: 0,237 kcal/kg und die eines Kubikmeters Luft: 0,305 kcal/m³.

Durch die stündliche Verdunstung von 344 kg Wasser werden an Wärme gebunden:

$$344 \,(606,5 + 0,305 \,(28 - 15)) = 209840 \text{ kcal/h.}$$

Daraus wurde eine mögliche Abkühlung errechnet von:

$$\frac{209840}{29505 \cdot 1,293 \cdot 0,237} = 23^0 \text{ C.}$$

Unter Berücksichtigung der Wärmeabgabe der Maschinen, Arbeiter und der Transmissionsverluste wurde angenommen, daß die Abkühlung nur rund die Hälfte dieses Wertes betrage, also 10⁰ C.

Da die 209840 kcal/h nicht mit der stündlichen Wärmeentwicklung des Saales übereinstimmen, nahm M. C. Pierron an, daß ein Teil des Wasserdunstes in feinster Verteilung unverdunstet in der Saalluft verbleibt.

Zu einem anderen Ergebnis kam M. C. Pierron derselben Gesellschaft im Jahre 1893 (3).

Er untersuchte eine Anlage, welche nach dem reinen mittelbaren Befeuchtungssystem in einer Baumwollweberei arbeitete. Bei dieser wurde durch Vorbeistreichen der Luft an von Wasser benetzten, kreuzweise übereinander geschichteten Ziegelsteingerüsten die Luft befeuchtet und gekühlt.

Der Rauminhalt des Saales beträgt: 12600 m³.
Der Kraftbedarf: 240 PS.
Der Arbeiterzahl: 355.

Die Verteilung der feuchten Luft erfolgt durch 11 verbleite Blechrohre, aus denen die Luft durch Schlitze austritt.

Die eintretende Luftmenge betrug 7,400 m³/s und besaß eine Temperatur von 18,10⁰ C.

Unter Zugrundelegung einer spezifischen Wärme von 0,305 kcal/m³ Luft errechnete sich:

$$7,400 \cdot 0,305 \cdot (25,26 - 18,10) = 16,16 \text{ kcal/s,}$$
somit $\qquad 16,16 \cdot 3600 = 58176 \text{ kcal/h.}$

Die mittlere Außentemperatur betrug während der Arbeitszeit 24,10⁰ C, die Temperatur des Wassers nach der Verteilung auf die Ziegelsteine 13,80⁰ C, vorher 18,90⁰ C; der Wasserverbrauch betrug 4154 l/h, welche durch Wärmeübertragung verloren:

$$4154 \,(18,9 - 13,8) = 21185,4 \text{ kcal/h.}$$

Durch Wasserverdunstung wurde daher eine Abkühlung erzielt gleich:

$$7{,}400 \cdot 0{,}305 \,(24{,}10 - 18{,}10) \cdot 3600 - 21\,185{,}4 = 27\,558{,}6 \text{ kcal/h.}$$

Die Transmissionsverluste durch die Wände wurden nicht berücksichtigt.

Die Wärmeentwicklung durch die Arbeiter wurde nach von Pettenkofer gerechnet zu $6 \cdot (37 - t)$ kcal/h je Arbeiter, somit:

$$6 \,(37 - 25{,}26) \cdot 355 = 25\,006{,}2 \text{ kcal/h.}$$

Die Wärmeentwicklung der Maschinen wurde unter der Annahme, daß sich der gesamte Kraftbedarf in Wärme umsetzt, berechnet zu

$$\frac{240 \cdot 75 \cdot 3600}{425} = 152\,470 \text{ kcal/h.}$$

Insgesamt 177 476,2 kcal/h, wovon die Anlage nur rd. $\frac{1}{3}$ abführt. Um die restlichen $\frac{2}{3}$ abzuführen, wird vorgeschlagen, den Luftwechsel zu verdreifachen, die Temperatur des Wassers zu erniedrigen und sogar die Räume durch Kühlanlagen abzukühlen. Die Schlußfolgerung war, daß mit den Mitteln der damaligen Technik nur eine Linderung der extremen Erwärmung zu erzielen sei, jedoch die gewünschten Luftverhältnisse nicht erreicht werden könnten. Gemessen wurden bei 32°C und 24% im Freien eine Raumtemperatur von 28° bei 58% relativer Feuchtigkeit.

Diese Berechnungsart hat bei den Luftbefeuchtungs- und Lüftungsanlagen herstellenden Firmen anscheinend keine Zustimmung gefunden. Dr.-Ing. Otto Willkomm (4) bemerkt in seiner Habilitationsschrift 1909, daß damals ein Teil der Praxis in ihren Berechnungen annahm, daß nur 75% des tatsächlichen Kraftbedarfes der Maschinen in Wärme umgesetzt werden, andere, daß nur 20% für die Temperaturerhöhung im Raum in Frage käme. Ein von Willkomm rechnerisch ausgewertetes Meßergebnis ergibt, daß die gefundenen Werte sich mehr der zweiten Angabe nähern. Er fand in der von ihm aufgestellten Wärmebilanz, daß nur 18% des Kraftbedarfes der Maschinen zur Erwärmung der Luft beitragen, gesteht jedoch, daß diese Frage noch durchaus nicht geklärt sei.

Neuere Untersuchungen sind nicht bekannt geworden. Die verschiedenen Luftbefeuchtungsanlagen bauenden Firmen haben für die Bemessung dieser Einrichtungen Erfahrungen gesammelt, die in den von solchen Firmen ausgearbeiteten Angeboten verwertet werden. Durch Vergleich derselben kann auf die der Berechnung zugrunde gelegten Werte geschlossen werden. Aus Vergleichen verschiedener Angebote und aus Veröffentlichungen der letzten Jahre ist anzunehmen, daß für lufttechnische Anlagen eine einheitliche Berechnungsart, wie diese für Heizungsanlagen üblich ist, nicht besteht.

Im Jahre 1922 wurde von der Firma Körting, Körtingsdorf (5), die bei Bemessung ihrer Anlagen übliche Berechnung veröffentlicht.

Das Berechnungsbeispiel betrifft einen Websaal von 32 000 m³ Inhalt. Der stündliche natürliche Luftwechsel wird nach Erfahrungssätzen zu 1,25 fach angenommen. Für die in Süddeutschland liegende Weberei wurden als ungünstigste Außenluftverhältnisse 35⁰ C und 30% relative Feuchtigkeit und im Saal eine Temperatur von 28⁰ C bei 80% relativer Feuchtigkeit angenommen.

Die Berechnung wird nach den Dampftabellen der Hütte vorgenommen. 1 m³ Wasserdampf bei 28⁰ C und 28,4 mm QS-Spannung wiegt 27,3 g; bei 35⁰ C und 41,8 mm QS-Spannung 39,3 g. Hiernach muß der Websaal für 80% relative Sättigung $27,3 \cdot 0,8 - 39,3 \cdot 0,3 = 10,05$ g Wasser auf 1 m³ eingeführter Luft erhalten. Bei 32 000 m³ Rauminhalt und 1,25 fachem Luftwechsel sind also

$$1,25 \cdot 32\,000 \cdot 10,05 = 402\,000 \text{ g} = 402 \text{ l/h}$$

Wasser einzuführen. Eine zwangläufige Einführung von Frischluft ist nicht vorgesehen.

Nach anderen Gesichtspunkten geht E. Stadelmann (6, 7) vor. Um mit geringen Luftmengen eine merkliche Abkühlung zu erzielen, soll Frischluft in möglichst herabgekühltem Zustand in den Raum gebracht werden. Er kommt zu dem Ergebnis, daß Befeuchtungsanlagen mit Zerstäubern unter bestimmten Verhältnissen nicht die gewünschte relative Feuchtigkeit erzielen können.

Diese Behauptung wird mit der nachstehenden Berechnung für einen Ringspinnmaschinensaal von 1000 m³ Inhalt begründet. Durch Wärmetransmission und die Maschinen treten in den Saal 6800 kcal/h ein, welche abzuführen sind. Der Temperaturunterschied zwischen eingeführter Luft und Raumluft beträgt $28^0 - 21^0 = 7^0$. Die Luft führt also $7 \cdot 0,306 \cdot 1000$ $= 2140$ kcal/h ab. Der notwendige Luftwechsel errechnet sich zu $\frac{6800}{2140}$ $= 3,2$ fach. Wird die eingeführte Luft statt um 7⁰ C nur um 6⁰ C abgekühlt, so müßte der Luftwechsel auf das 5,6fache des Rauminhaltes erhöht werden. Wird derselbe Raum durch Einzelbefeuchter befeuchtet und als Innentemperatur 28⁰ C als Außentemperatur 30⁰ bei 75% angenommen, so müssen durch die zerstäubte Wassermenge ebenfalls 6800 kcal/h gebunden werden. Da durch die Zerstäubung von 1 kg Wasser von 15⁰ in Luft von 28⁰ rd. 600 kcal gebunden werden, so müssen der Raumluft $\frac{6800}{600} = $ rd. 11,3 kg oder jedem m³ Luft 11,3 g Wasser zugefügt werden.

Da 1 m³ Luft von 28⁰ C und 75% rd. 20,2 g Wasser enthält, so muß bei Zufügung von 11,3 g Wasser diese nach Aufnahme derselben $20,2 + 11,3$ $= 31,5$ g, d. h. 17% über ihrem Sättigungsgrad hinaus enthalten. Aus dieser Berechnung wird geschlossen, daß auch bei Anwendung von sehr hohem Luftwechsel bei Verwendung unmittelbarer Befeuchtungsanlagen es zu gewissen Zeiten zu regnen anfangen wird. Diese Berechnung entspricht denen des Sitzungsberichtes vom 30. Sept. 1891 des Comité de mécanique sur le procédés actuels der Société industrielle de Mulhouse (3), wird jedoch durch die Ergebnisse der Praxis widerlegt.

Eine weitere Veröffentlichung bringt 1927 A. W. Thompson (8). Dieser stellt die Abkühlung der Luft durch die Bindung der Verdampfungswärme des Wassers fest, kommt jedoch in seiner Rechnung zu dem Ergebnis, daß durch Erhöhung der eingeführten Wassermenge eine entsprechend erhöhte Abkühlung erzielt werden kann, so daß von einer Lüftung der Räume durch Ventilatoren abgesehen werden kann. In seiner Schlußfolgerung gibt er aber an, daß mit erhöhter Lüftung und verstärkter Befeuchtung eine stärkere Abkühlung erzielt werden kann, gesteht jedoch, daß seine Berechnung keinen Beweis dieser Feststellung enthält.

Aus einer weiteren von demselben Verfasser veröffentlichten Berechnung ist ersichtlich, daß er von einer angenommenen Abkühlung der Raumluft ausgehend diejenige Wassermenge errechnet, deren Verdunstungskälte für die Bindung der im Raum entwickelten Wärmemenge und für die angenommene Abkühlung der Luft ausreicht. Die Division dieser Wassermenge durch die bei einmaligem Luftwechsel mögliche Wasseraufnahme der Luft ergibt den notwendigen Luftwechsel. Diese Berechnung ergibt ähnliche Werte, wie die in vorliegender Arbeit niedergelegte Berechnungsart.

Die anderen Luftbefeuchtungsanlagen bauenden Firmen legen der Bemessung ihrer Anlagen einen angenommenen Luftwechsel zugrunde oder dieser wird von der Angebot fordernden Firma vorgeschrieben. Die durch Befeuchtung und Lüftung erzielte Abkühlung wird meistens als hauptsächlich von der Temperatur des Wassers abhängig angenommen.

Formeln zur Berechnung von Lüftungs- und Befeuchtungsanlagen gibt Rietschel-Brabbée (9) auf Grund des Zustandsdiagrammes der Luft von O. Marr, sowie Dr.-Ing. M. Grubenmann (10). Beide geben jedoch nicht an, wieweit sich die Formeln in der Praxis bewährt haben.

Aufbauend auf diesen Formeln gibt Dr. H. Krantz in seiner Dissertation (1) eine umfangreiche Berechnung von Luftbefeuchtungsanlagen unter Gegenüberstellung von mittelbar und unmittelbar arbeitenden Anlagen. Da rein mittelbar arbeitende Anlagen jetzt fast nicht mehr ausgeführt werden und die der Berechnung zugrunde gelegten Annahmen ohne Rücksicht auf beobachtete Größen gemacht wurden, so war es notwendig, die Ergebnisse dieser Berechnungsart nachzuprüfen und dabei eine Formel zu finden, welche ebenso einfach wie die Wärmebedarfsformel für Heizungsanlagen die Bemessung von Luftbefeuchtungs- und Lüftungsanlagen ermöglicht. Diese für die Praxis einfache Formel, welche mit geringer Rechnung die Bemessung lufttechnischer Anlagen gestattet, ist aus der Untersuchung entstanden und in dieser Arbeit niedergelegt.

Neben der Forderung, eine bestimmte Raumtemperatur nicht zu überschreiten, wird der Aufenthalt in feuchtwarmer Luft durch Bewegung derselben wesentlich erträglicher gestaltet.

Durch die Luftbewegung werden stets neue Luftschichten an die Haut herangeführt, wodurch eine vermehrte Wärmeabgabe durch Leitung erfolgt. Nach neueren Untersuchungen von P. Weiß (11) haben auf den normal bekleideten Körper erst Luftgeschwindigkeiten über 0,25 m/s eine Abkühlung der Stirntemperatur des Menschen zur Folge. Die Arbeitskleidung und Gewöhnung erleichtert den Aufenthalt in feuchtwarmen Räumen.

Prof. Nußbaum (12) fand bei seinen Untersuchungen in Baumwollspinnereien, daß bei bewegter Luft 25° C bei 85% gut erträglich waren, während bei ruhender Luft schon 20° C und 60% relative Feuchtigkeit kaum erträglich waren. In warmen Räumen konnten Luftbewegungen bis zu 1,5 m/s ohne Belästigung aufrechterhalten werden, solange kalte Luftströme vermieden wurden.

Bestimmte zahlenmäßige Werte des Einflusses der Luftbewegung auf das Wohlbefinden liegen bis heute nicht vor. Verhältniszahlen über den Einfluß von Temperatur, Feuchtigkeit und Luftbewegung auf den bis zum Gürtel entkleideten Körper ergaben die in Gemeinschaft mit dem U.S.A.-Bergwerksbüro am Regierungslaboratorium in Pittsburg, Pa. während zehn Jahren mittels Katathermometer vorgenommenen Untersuchungen der amerikanischen Heizungs- und Lüftungsingenieure (13). Die veröffentlichten Schlußfolgerungen sind im Diagramm (Abb. 1) umgerechnet auf das metrische System dargestellt.

Wird z. B. bei einer Außentemperatur von 32° C in einem Arbeitsraum durch die lufttechnische Anlage eine Temperatur von 23° C und eine relative Feuchtigkeit von 65% aufrechterhalten, so muß durch die Luftbewegung das Gefühl erweckt werden, man befinde sich in einem Raum mit höchstens 23° C. Bei 29° C und 65% relativer Feuchtigkeit zeigt das feuchte Thermometer rd. 23,8° C an. Verbindet man im Diagramm den Punkt 29° C des trockenen Thermo-

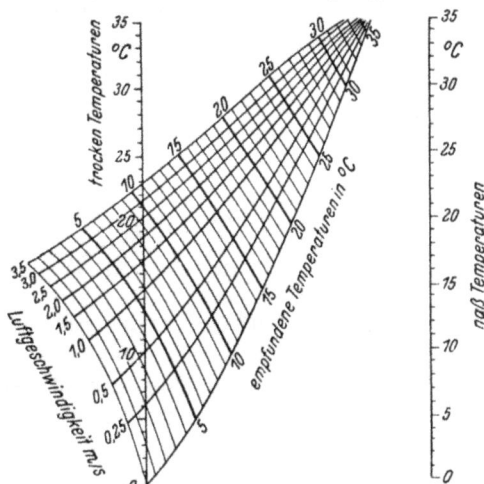

Abb. 1.

meters mit dem Skalenteil von 23,8° C des feuchten Thermometers, so schneidet diese Gerade die Linie für 23°C der »empfundenen Temperatur« bei einer Luftgeschwindigkeit von 1,27 m/s. Diese Luftgeschwindigkeit ist an der Grenze der überhaupt bemerkbaren Luftbewegungen und daher zulässig. Aus diesen Ausführungen sieht man, daß es mit modernen Anlagen möglich ist, die für die Verarbeitung mit den für die Arbeiterschaft erwünschten Luftverhältnisse in Einklang zu bringen.

Über den großen Einfluß der die Arbeiter umgebenden Luft auf deren Arbeitsfähigkeit geben verschiedene Veröffentlichungen Zeugnis.

In englischen Leinenbetrieben machte Weston (11) die Beobachtung, daß die Leistung am Nachmittag durchschnittlich größer war als am Vormittag. An heißen Tagen war dies jedoch umgekehrt. Als günstigste Temperatur wurde 21° C am Naßthermometer festgestellt. Ein Anstieg der Temperatur über 23,9° C bei 88% relativer Feuchtigkeit führte zu einer Verminderung der Produktion. Durch Loriga (11) wurde die Angabe eines Direktors einer Seidenspinnerei bekannt, daß dieser bei seinen Arbeitern eine Verminderung der Leistung beobachten konnte, sobald Temperatur und Feuchtigkeit anstiegen. In den Räumen seiner Baumwollspinnerei schwankte die Temperatur von Monat zu Monat im Bereich von 12 bis 17°. Bei Änderung der Temperatur um 3° C wurde eine Veränderung der Produktion um 4% beobachtet.

Ähnliche Beobachtungen wurden in vielen mit Luftbefeuchtungs- und Lüftungsanlagen ausgestatteten Betrieben gemacht. Welchen Anteil an der Mehrproduktion die Verminderung der Ermüdung der Arbeiter und welchen die Feuchtigkeit auf das verarbeitete Gut besitzt, ist nicht genau festzustellen, da stets nur die Summe beider beobachtet werden kann.

II. Beschreibung der untersuchten Anlage und deren Wirkungsweise.

Die auf die lufttechnische Einrichtung untersuchte Spinnerei ist ein Hochbau mit 5 Stockwerken. Das Gebäude ist durch den über die ganze Höhe reichenden Seilgang und das davor liegende Treppenhaus in 2 Teile geteilt. Im Erdgeschoß befindet sich auf der einen Seite der Öffner- und Schlägerraum, darüber der Mischraum, im 2. Obergeschoß die Schlichterei für die neben dem Spinnereigebäude liegende Weberei, im Dachgeschoß Zettelei und Kettbaumlager. In der anderen Fabrikseite ist im Erdgeschoß und 1. Obergeschoß die Vorbereitung, im 2. und 3. Obergeschoß die Spinnerei. Das 4. Obergeschoß stand zur Zeit leer. Im folgenden wird das Erdgeschoß, I., II., III., IV. Obergeschoß mit 1., 2., 3., 4., 5. Saal bezeichnet.

Die Lüftung der Fabrik wird durch eine zentrale Anlage vorgenommen.

Die Frischluft wird in 29 m Höhe durch einen Dachaufsatz *1* (Abb. 2) mit unter 45⁰ geneigten Schutzblechen, die eine gesamte lichte Öffnung von 7,9 m² freilassen, eingesaugt. Durch den Frischluftschacht *2* (Abb. 3) von 5,7 m² wird sie in den Keller gesaugt und tritt durch eine seitliche Tür *3* (Abb. 4) von 6,12 m² Querschnitt am Fuße

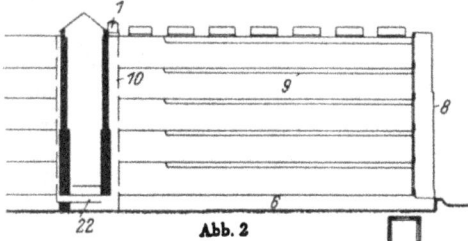

Abb. 2

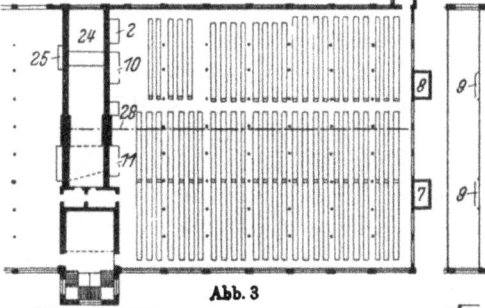

Abb. 3

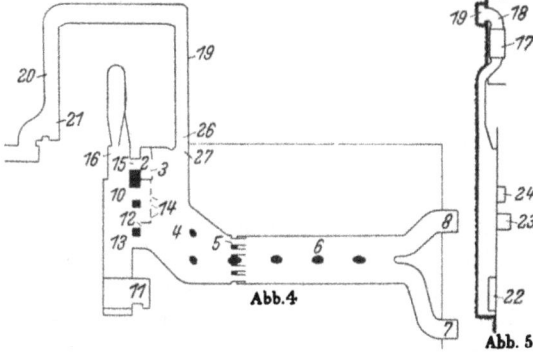

Abb. 4 Abb. 5

des Schachtes unter starker Wirbelbildung in die Saugkammer *4* im Keller. Der Unterdruck vor den Schraubenradgebläsen *5*, bezogen auf die Außenluft, beträgt bei vollem Betrieb 10 mm WS. Die Luft wird durch 4 Schraubenradgebläse *5* in die Druckkammer *6* weiter gefördert. Die Schraubenradgebläse liefen mit 76,5% Abdeckung des freien Austrittsquerschnittes, mit rd. 1000 Umdrehungen in der Minute, mit 40 bis 50 A und 220 V, wobei höchstens 32 m³/s gegen 20 mm WS Pressung gefördert wurde.

Am Ende der Druckkammer *6* teilt sich der Luftstrom und wird durch 2 Steigeschächte *7, 8* (Abb. 2, 3, 4) den Luftverteilern *9* (Abb. 2, 3) an den Saaldecken zugeführt. Am Fuß beider Steigschächte waren Körtingsche Düsen zur Wasserzerstäubung angebracht, die wegen häufigen Verstopfens außer Betrieb gesetzt werden mußten. An ihrer Stelle ist in der Höhe des 4. Stockwerkes in jedem der beiden Schächte eine Reihe Druckwasserzerstäuber angebracht, so daß Luft und Wasser im Gegenstrom aneinander vorbeistreichen. Die durch diese Befeuchtung erreichte Feuchtigkeitszunahme beträgt je nach der Lufttemperatur und dem Feuchtigkeitsgrad der Luft 1,6 bis 2,5 g Wasser je kg Frischluft, wodurch theoretisch eine Abkühlung von 10 bis 5° C eintreten sollte. In Wirklichkeit wird die Luft nur um 4 bis 3° C abgekühlt, weil der Frischluftschacht namentlich nachmittags durch Besonnung erwärmt wird. Die höchste im Frischluftschacht erreichte relative Feuchtigkeit beträgt 80%.

Die Luftverteilungsschläuche *9* an den Saaldecken sind mit gleichem Querschnitt von 2,35 m² über die ganze Saallänge ausgeführt. Aus je 12 Schlitzen zu beiden Seiten des Schlauches war der Luftaustritt in den Saal vorgesehen. Die Geschwindigkeitsverteilung über den Schacht nimmt geradlinig gegen das Schlauchende ab. Der geringe Überdruck bleibt konstant. Es tritt folglich aus jedem Schlitz gleichviel Luft aus.

Die aus dem Deckenschlauch austretenden, nach unten gerichteten Luftströme erzeugten starke Flaumaufwirbelungen, weshalb durch Einbau von Leitblechen der Luftstrom zur Decke abgelenkt wurde. Der Austrittsquerschnitt von 723 cm² verringerte sich dadurch auf 224 cm². Die Luftaustrittsgeschwindigkeit beträgt 12,5 bis 13 m/s. Die Luftbewegung im Saal ist mittels des Anemometers nicht weiter zu verfolgen.

Eine Luftabsaugung für den Sommerbetrieb ist in der untersuchten Spinnerei nicht vorgesehen, weshalb die Luft durch die mehr oder weniger geöffneten Fenster entweichen muß. Für den Winterbetrieb sind in jedem Saal an der Ostwand zwei Schächte *10, 11* (Abb. 2, 3, 4) vorgesehen, in welche durch Öffnungen über Boden die Luft abgesaugt wird und durch die Abluftschächte in den Keller und von dort durch die geöffneten Türen *12, 13, 14* in den Saugraum *4* gelangt und als Umluft allein oder mit Frischluft gemischt der Spinnerei wieder zugeführt werden kann.

Zur Heizung wird die Abluft nach Schließen der Türen *12, 13, 14* allein oder gemischt mit Frischluft, welche durch die Türe *15* eintritt, durch den Stahlblechsauger *16*, dem Lufterhitzer *17* (Abb. 5) zugeführt. Der Sauger *16* von 1750 mm Durchmesser fördert 25 bis 26,4 m³/s gegen 27 bis 28 mm WS mit 400 bis 500 Umdrehungen in der Minute.

Der Lufterhitzer *17* mit 1788 Rohren von 45 mm l. W. mit einer gesamten Heizfläche von 1070 m² kann mit Abdampf, Aufnehmer- oder

Frischdampf erwärmt werden. Die höchste Leistung bei Betrieb mit Aufnehmerdampf erreicht die Erwärmung von 25,5 m³/s Frischluft von — 10⁰ C auf 85 bis 90⁰ C. Die aus dem Lufterhitzer austretende Luft wird durch den Krümmer 18 (Abb. 5) in den Heizkanal 19 getrieben, von wo sie erstens durch die Bläser 5 in die Spinnerei und zweitens durch den Kanal 20 in die Weberei gesaugt wird.

Zum Ansaugen der Heißluft in die Weberei stehen 2 Sirocco-Ventilatoren mit 35 m³/s Förderung zur Verfügung. Im Sommer saugen sie durch eine Öffnung 21 an der Schachtdecke Frischluft an.

Zur Heizung und Lüftung der östlichen Fabrikseite der Spinnerei war vom Erbauer angenommen, daß die durch die Umluftschächte 10, 11 (Abb. 2, 3, 4) aus den Spinnsälen abgesaugte Luft zum Teil in die Abzweigung 22 (Abb. 2) gedrückt wird und durch ihre lebendige Kraft in die Säle steigt. Die Untersuchung der Anlage ergab, daß sie ihre Aufgabe nicht erfüllen kann. Die Luft strömt mit höchstens 1 m/s Geschwindigkeit durch den Umluftschacht 10, 11 und wird in den Saugraum im Keller gesaugt, in welchem durch den Exhaustor ein Unterdruck erzeugt wird. Das plötzliche Anhalten eines Luftstromes von 1 m/s erzeugt nach der Berechnung einen Staudruck von 0,06 mm WS. Die Luft sollte also mit 0,06 mm WS Pressung in den Schacht 22 gedrückt werden. Dem steht der bedeutend höhere Überdruck im Schacht 22 gegen den Saugraum entgegen, so daß die Luft, welche nur vom höheren Druck zum niederen fließen kann, aus dem Schlauch 22 herausgesaugt wird. Die Messung der Luftbewegung bestätigte dies, so daß die gesamte Anlage zur Abluftheizung der östlichen Fabrikhälfte in Wirklichkeit nur eine schwache Absaugung der Luft aus den Räumen bewirkt.

Außer den für die Lüftung bzw. Luftheizung vorhandenen Ventilatoren waren ständig die Ventilatoren der Öffner und Schläger in Betrieb. Die 3 Öffner besitzen je 3 Ventilatoren und die 5 Schläger je 1 Ventilator. Die durch diese 14 Ventilatoren aus der Fabrik gesaugte Luftmenge wurde zu 11,7 m³/s gemessen.

Die zum Betrieb der Öffner und Schläger nötige Luftmenge von 11,7 m³/s wurde aus dem 1. Saal durch den Gang 23 (Abb. 5) angesaugt. Zur Vermeidung des starken Luftzuges im Gang wurde im Umluftschacht 10 ein Sauger eingebaut, der aus dem Saugraum 4 in der Sekunde 8,35 m³ Frisch- oder Heißluft durch den Querschacht 24 (Abb. 3, 4) in den Luftschacht 25 der östlichen Fabrikhälfte treibt.

Für die Lüftung der Spinnereien ist es eine Vorbedingung, daß die Luft zwangsläufig ein- und abgeführt wird, um von äußeren Witterungseinflüssen unabhängig zu sein und die warme, trockene Luft bei Windanfall nicht in die Spinnsäle gelangen zu lassen. Aus diesem Grunde wurde verlangt, daß die Fenster stets geschlossen bleiben. Trotzdem eine Luftabsaugung nicht vorgesehen war, wurde dies dadurch zu erreichen versucht, daß im Sommerbetrieb der Exhaustor laufen gelassen

wurde, der die Abluft durch den kalten Lufterhitzer *17* in den Heizkanal *19* und durch eine Öffnung *26* (Abb. 4) bei geschlossener Tür *27*
ins Freie treibt. Der von der Abluft mitgetragene Flaum verlegt nach
kurzer Zeit den Lufterhitzer, so daß die Luftabsaugung von 25,5 m³/s
auf 20,5 m³/s sinkt.

Die mangelhafte Luftabsaugung bedingt, daß die Fenster im Sommer offen gehalten werden mußten und somit die gesamte Lüftung und
Befeuchtung den Erwartungen nicht entsprach. Die Absaugung durch
2 Öffnungen an einer Saalseite in 1,5 m Höhe zeigt, wenn davor Maschinen stehen und die sie bedienende Arbeiterin dazwischen arbeiten
muß, eine starke Belästigung durch den Luftzug, so daß die Arbeiterinnen
die Klappen schließen und dafür die Fenster öffnen.

Eine Erhöhung der Frischluftzufuhr durch die 4 Bläser wurde durch
Entfernung der Drosselschirme erreicht, wobei die Luftlieferung auf
41,7 m³/s bei einem Druck von 20 mm WS erhöht wurde. Wird dazu noch
der jetzige Abluftaufsatz *26* zur Luftansaugung verwendet, so steigert sich
die Luftlieferung auf 50 bis 53 m³/s. Die starken Luftwirbel vor und nach
den Bläsern bedingen, daß die Stromaufnahme der einzelnen Ventilatoren
zwischen 42 und 46 A schwankt. Wird durch Schließen der Saalfenster
der Gegendruck erhöht, so treten diese Kraftschwankungen im erhöhten
Maße auf. Um die Gefährdung der Gleichstrommotore, die bei Über-
lastung gleich durchbrennen, zu vermeiden, ist der Druckschacht *6*
durch eine Zwischenwand geteilt worden, so daß für jeden Steigschacht
2 Bläser wirken und der einzelne Ventilator nicht mehr die Schwankungen
der anderen 3 Bläser auszuhalten hat.

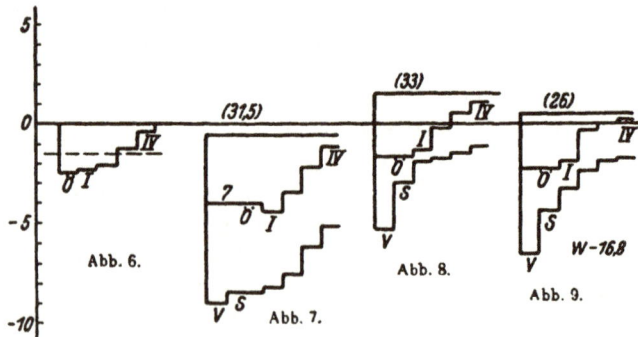

Abb. 6.　Abb. 7.　Abb. 8.　Abb. 9.

In dem Vorbereitungssaal im Erdgeschoß wird durch die darin
laufenden Öffner und Schläger eine Luftmenge von 11,7 m³/s angesaugt
und durch den Staubkeller und Turm ins Freie geblasen. Zur Luftheizung der Weberei wurde ebenfalls die Luft aus der Spinnerei gesaugt.

Infolge des Mißverhältnisses der Leistung der verschiedenen Bläser
in der gesamten Anlage stellen sich die in Abb. 6 bis 22 zusammen-
gestellten Betriebsverhältnisse ein.

Abb. 6 gibt die Unterdrücke in mm WS in den einzelnen Sälen I bis IV der Spinnerei bei ruhender Lüftung. Es fördern nur die Öffner und Schläger 11,7 m³/s aus der Spinnerei ins Freie. $\ddot{O}$ bezeichnet den Druck im Öffnersaal; die gestrichelte Linie den Druck im Stiegenhaus der Spinnerei.

Abb. 7. Es laufen 2 Spinnereibläser und treiben bei reinem Umluftbetrieb durch die Türen 13, 14 (Abb. 4) bei geschlossenem Weberei-

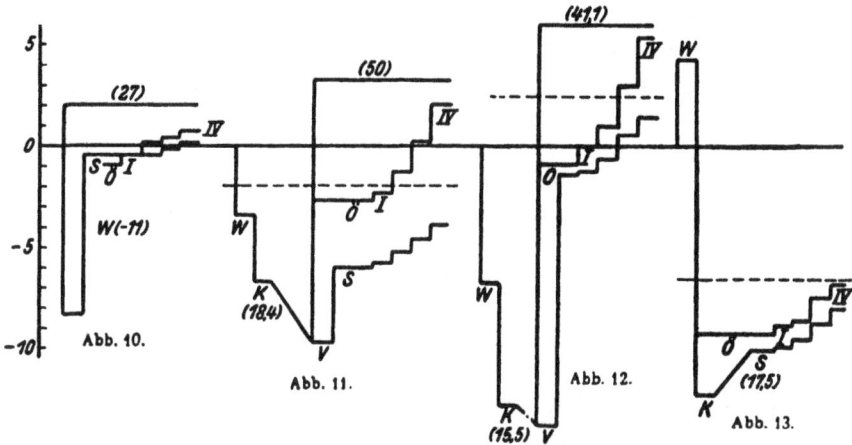

Abb. 10.

Abb. 11.

Abb. 12.

Abb. 13.

kanal 31,5 m³/s in die Luftschächte. Die Luftmenge in m³/s ist zu den entsprechenden Kanälen eingezeichnet. S gibt den Unterdruck im Saugraum vor dem Exhaustor und V den im Raum 4 vor den Bläsern an. Die gebrochene Linie unter den Saaldrücken stellt den Unterdruck in dem

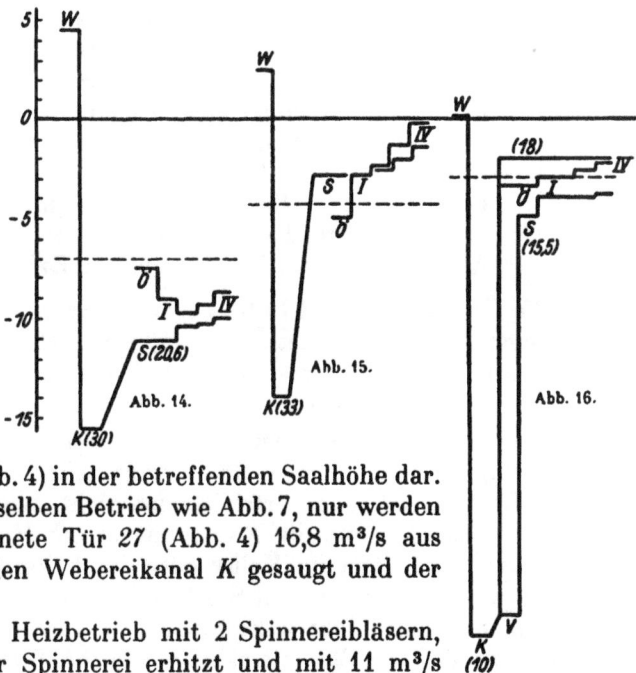

Abb. 14.

Abb. 15.

Abb. 16.

Abluftschacht 10 (Abb. 4) in der betreffenden Saalhöhe dar.

Abb. 8 zeigt denselben Betrieb wie Abb. 7, nur werden noch durch die geöffnete Tür 27 (Abb. 4) 16,8 m³/s aus der Weberei durch den Webereikanal K gesaugt und der Spinnerei zugeführt.

Abb. 9 gibt den Heizbetrieb mit 2 Spinnereibläsern, wobei die Abluft der Spinnerei erhitzt und mit 11 m³/s

2*

unerwärmter Webereiabluft vermischt den Bläsern 5 (Abb. 4) zugeführt wird.

Abb. 10 zeigt denselben Betrieb wie Abb. 9, nur wird neben der Spinnereiabluft durch die geöffnete Türe 15 (Abb. 4) noch Frischluft dem Lufterhitzer zugeführt.

Abb. 11 stellt den Umluftbetrieb mit 3 Bläsern mit Spinnerei- und Webereiabluft dar. W zeigt den in der Weberei sich einstellenden Unterdruck.

Abb. 12 Heizbetrieb der Spinnerei mit 3 Bläsern mit Spinnerei- und Webereiabluft und Frischluft.

Abb. 13 bis 15 gibt die Drücke und Luftmengen während der Heizung der Weberei allein an.

Abb. 13 den Betrieb mit Spinnereiabluft bei normaler Förderung des Exhaustors mit Riemenantrieb.

Abb. 14 bei erhöhter Exhaustorleistung mit Motorantrieb mit Spinnereiabluft.

Abb. 15 bei normalem Exhaustorlauf mit Frischluft und Spinnereiabluft.

Werden Weberei und Spinnerei gleichzeitig geheizt, so ergeben sich folgende Verhältnisse:

a) Es laufen neben den Webereiventilatoren 2 Spinnereibläser: Abb. 16 zeigt den Betrieb mit Spinnereiabluft allein, Abb. 17 den mit Spinnereiabluft und Frischluft.

b) Laufen neben den 2 Webereimotoren 3 Spinnereimotore, so erhält man: Abb. 18 bei Spinnereiabluftbetrieb und Abb. 19 bei Spinnereiabluft- und Frischluftbetrieb.

c) Werden 4 Spinnereimotore neben den 2 Webereimotoren eingeschaltet, so stellt sich Abb. 20 für den Spinnereiabluftbetrieb, Abb. 21 für den Spinnereiabluft- und Frischluftbetrieb mit normalem Exhaustorantrieb durch Riemenscheibe und Abb. 22 wie Abb. 21 mit erhöhter Exhaustorumdrehungszahl.

Die Unterdrücke und Luftmengen stellen Mittelwerte verschiedener Messungen dar. Zufolge des Öffnens und Schließens von Türen schwankten die Meßergebnisse beträchtlich, und eine gesetzmäßige Abhängigkeit ist nicht klar ersichtlich.

Der gemeinsame Betrieb der Spinnerei- und Webereiheizung ist um so ungünstiger, je mehr Bläser gleichzeitig laufen. Einen gleichen Druck in allen Sälen zu erreichen ist nicht möglich. Dies wäre nur dann zu erzielen, wenn die Absaugung in der Höhe des 3. Saales vorgenommen wird, statt im Keller oder durch Vergrößerung der Abluftöffnungen mit jedem höheren Stockwerk. Der verschieden große Unterdruck in den Sälen läßt kalte Außenluft durch die Fensterritzen eindringen, so daß die Säle niemals auf gleiche Temperaturen zu bringen sind. Der große Weg der Heizluft vom Erhitzer bis zu den Sälen verursacht große Wärmeverluste. Es ist mit geringeren Wärmeverlusten möglich, Dampf in isolierten Rohrleitungen bis zu den Sälen zu leiten als Heizluft in weiten gemauerten Kanälen. Es erscheint daher am wirtschaftlichsten, die Erwärmung der Luft durch Heizkörper erst an der Wurzel der einzelnen Deckenkanäle vorzunehmen.

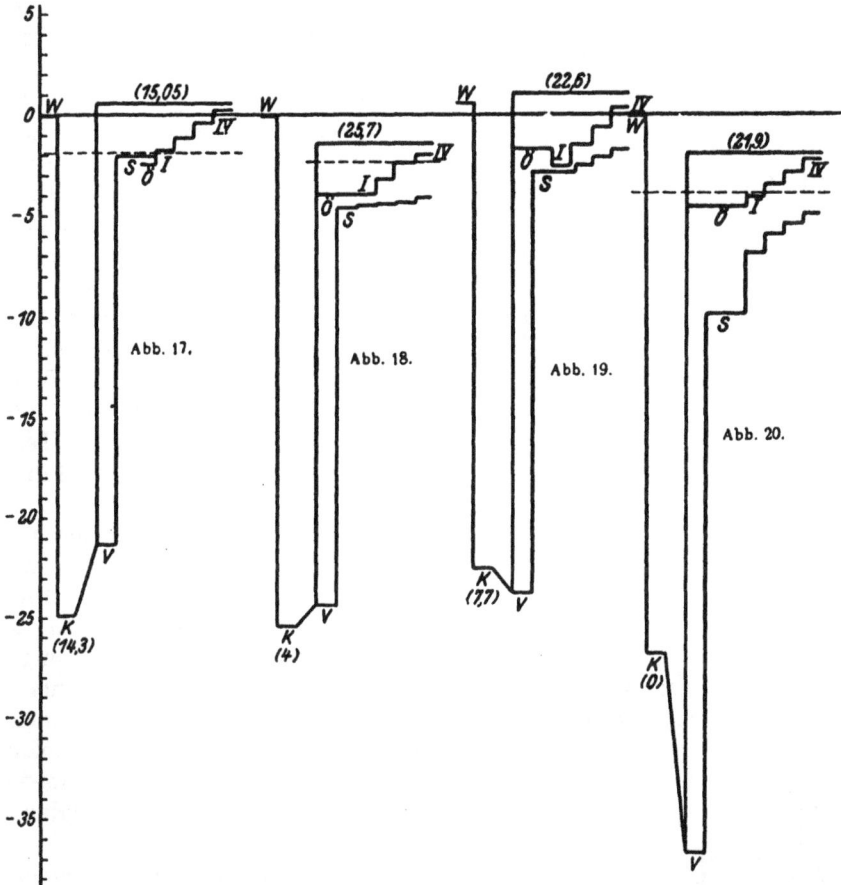

Abb. 17.

Abb. 18.

Abb. 19.

Abb. 20.

Eine weitere Unwirtschaftlichkeit der Luftführung liegt darin, daß der Öffnersaal im Sommer mit Frischluft und im Winter mit Heißluft, welche für die Spinnereiheizung verlorengeht, direkt gelüftet bzw. geheizt wird. Wegen der zu geringen Luftzufuhr im Winter und des ständigen Unterdruckes wird dauernd kalte Außenluft eingesaugt, so daß eine für den Betrieb der Öffner günstige Temperatur während des größten Teiles des Winters nicht erreicht wird. Sinkt die Temperatur, so bleibt angeblich die Baumwolle an den Roststäben kleben, und die Reinigung der Baumwolle vollzieht sich ungleichmäßig und schlechter. Ob die zu niedrige Lufttemperatur allein die Ursache des schlechten Arbeitens der Öffner und Schläger ist, war nicht zu beobachten. Mit ebensolcher Wahrscheinlichkeit ist anzunehmen, daß im Winter die Sauger der Maschinen einen zu großen statischen Druck zu bewältigen haben, so daß sie viel weniger Luft durch die Roststäbe saugen können und aus diesem Grunde die Baumwolle an denselben liegen bleibt. Es erscheint daher am günstigsten, den hohen Luftbedarf der Öffner zum Teil durch die in den Spinnsälen schon verbrauchte warme Luft zu decken und diese in solcher Menge dem Vorbereitungssaal zuzuführen, daß in diesem Raum ein Überdruck herrscht. Die Sauger der Öffner und Schläger können dadurch die zur gleichmäßigen Bildung der Wickel nötige Luftmenge mit der günstigsten Temperatur während des ganzen Jahres erhalten.

Die durch die Öffner und Schläger in den Staubkeller und von dort durch den Staubturm entweichende Luft ist für den weiteren Lüftungsbetrieb verloren, solange es nicht gelingt, diese Luft vom Staub vollständig zu reinigen und sie mit Frischluft vermischt wieder direkt in die Öffner und Schläger zurückzuleiten. Der Wärmeinhalt dieser Luft muß jetzt als unvermeidlicher Verlust angesehen werden und durch die Erwärmung einer gleich großen Frischluftmenge ersetzt werden, welche der Spinnerei zwangläufig zuzuführen ist.

In verschiedenen Fabriken wird versucht, die Abluft der Schlichtmaschinen, welche gewöhnlich wegen der unangenehmen Gerüche der Schlichtedämpfe direkt ins Freie geblasen werden, zur Lüftung zu verwenden. Diese Ausnützung der Schlichtereiabluft ist aus hygienischen Gründen zu verwerfen.

Der Frischluftschacht 2 (Abb. 2, 3, 4) ist von den Arbeitssälen durch eine dünne Rabitzwand getrennt; im Keller grenzt die Schacht-

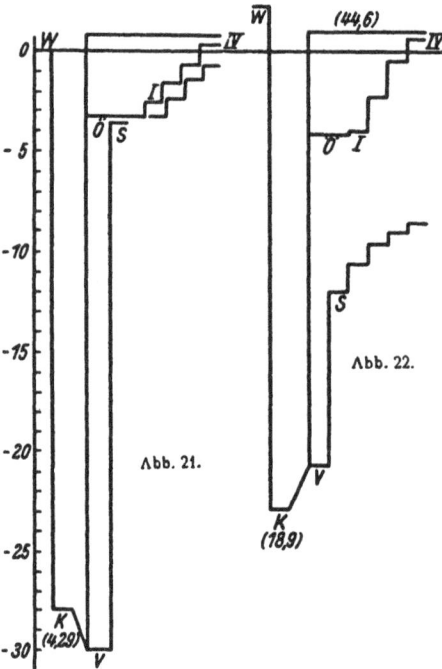

Abb. 21.

Abb. 22.

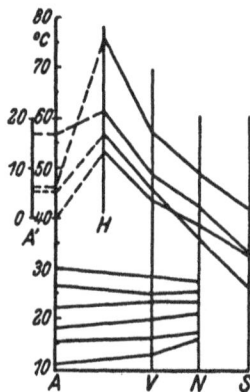

Abb. 23.

decke an den 1. Saal, während die Seiten durch eine 60 cm starke Beton-
wand vom Erdreich getrennt sind; die beiden Steigschächte waren ohne
Wärmeschutz aus Ziegelmauerwerk an der Westseite angebaut. Der
geringe Wärmeschutz bedingt im Winter einen starken Wärmeverlust.
Vom Lufterhitzer tritt die Luft mit 85 bis 100° C aus, bis zum Deckenschlauch im 4. Saal sind höchstens noch 42° C vorhanden. Der Wassergehalt bleibt gleich, da außer durch das Schwitzwasser der Wände keine
Befeuchtung der Heizluft im Winter vorgenommen wird. Der Wärmeverlust im Keller entzieht sich einer genauen Berechnung, weil die Wärme des
anliegenden Erdbodens von der Dauer der kalten Tage und der Heizung
abhängt. Einen Überblick über den Temperaturabfall der Heizluft gibt
Abb. 23. Dabei bezeichnet A die Außentemperatur, H die an der
Türe 27 (Abb. 4), V die vor den Bläsern, N die an der Zweigstelle

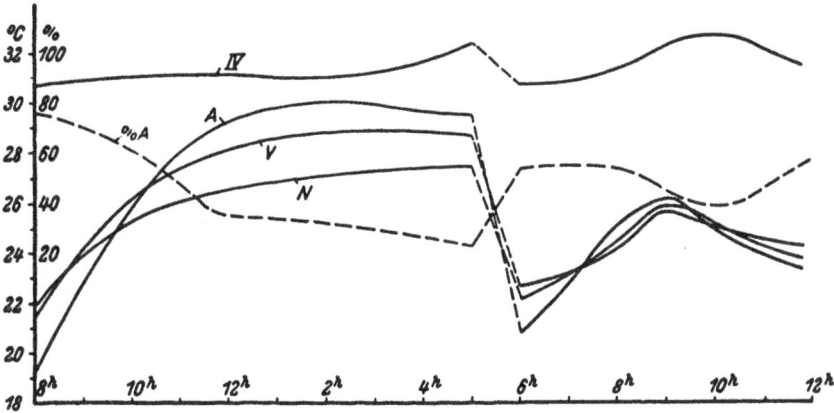

Abb. 24.

des Kellerschachtes und S die am Eintritt in den Deckenschlauch des
4. Saales. Die Außentemperaturen für den Winterbetrieb sind in A'
angegeben.

Im Sommer spielt die Abkühlung im Keller eine geringe Rolle.
In Abb. 24 ist der Temperaturverlauf der Luft an 3 verschiedenen
Meßstellen während zweier aufeinander folgenden Tage eingetragen.
A bedeutet die Temperatur und relative Feuchtigkeit der Außenluft,
V die Temperatur im Saugraum 4 (Abb. 4) und N dieselbe am Fuße
der Steigeschächte. Die Luftführung durch den Keller verringert
in geringen Grenzen die Temperaturschwankungen der Außenluft. Die
kalte Außenluft am Morgen wird etwas erwärmt; am Nachmittag
erwärmt die warme Frischluft die Kellerwände, so daß eine geringe
Kühlung der Luft erfolgt. Ein großer Teil dieses Temperaturgewinnes
geht aber in den Steigeschächten bis zum 4. Saal wieder verloren,
weil am Nachmittag die Steigeschächte durch Sonnenbestrahlung er-

wärmt werden. Am darauffolgenden Tag ist durch einen Witterungsumsturz die Außentemperatur gesunken. Die oberste Linie *IV* zeigt die durchschnittliche Saaltemperatur. Am 2. Tage mußten die Fenster geschlossen werden, so daß sich der Luftwechsel verringerte.

Die Befeuchtung in den beiden Steigeschächten bewirkt einen bedeutenden Temperaturrückgang, während der Wärmeinhalt etwas steigt. Höhere relative Feuchtigkeiten als 80% konnten in den Schächten durch die Druckwasserzerstäuber nicht erreicht werden.

Nach Entfernen der Drosselschirme der Ventilatoren und Vergrößerung der Austrittsschlitze in den Deckenschläuchen stellte sich im Deckenschlauch des 4. Saales eine Luftgeschwindigkeit von 5,4 m/s beim Austritt aus dem Steigeschacht ein. Der Luftzufuhr von 25,4 m³/s entspricht ein fast 9facher Luftwechsel im 4. Saal, der ohne Belästigung der Arbeiter und ohne Staubaufwirbelung gehalten werden konnte.

Im Frischluftschacht steigt die Luft vor dem letzten Saal mit einer Geschwindigkeit von 1,53 m/s, die sich beim Eintritt in den Deckenschlauch auf 5,4 m/s erhöhen muß. Diese Geschwindigkeitssteigerung kann nicht plötzlich erfolgen, sondern es wird sich unter Wirbelbildung ein Luftstrom mit erhöhter Geschwindigkeit vor der Abzweigung bilden, der sich allmählich von 1,53 m/s auf 5,4 m/s beschleunigt. Die Wasserzerstäubungsdüsen im Steigschacht befinden sich 2 m über der Abzweigung in den Deckenschlauch. Durch die Düsenform wird eine möglichst feine Verteilung des Wassers angestrebt. Vor der Öffnung in den Deckenschlauch des 4. Saales treten daher lauter kleine Tropfen auf, weil die Vereinigung kleiner Tropfen zu größeren nur bei längerer Falldauer erfolgen kann, wobei sich nur Tropfen gleicher Größe verschmelzen, da nur diese genügend lange nebeneinander fallen, um eine Vereinigung zu ermöglichen. Tropfen verschiedener Größe können sich infolge ihrer verschiedenen Fallgeschwindigkeiten nur bei genau zentralem Aufprallen vereinigen, andernfalls der kleinere Tropfen aus dem Fallweg des größeren getrieben wird. Infolge des kurzen Weges bis zum ersten Deckenschlauch kommen daher nur kleine Tropfen vor, die durch die Ablenkung in den Deckenschlauch zum Teil mitgenommen werden und je nach ihrer Größe, soweit sie nicht von der Luft aufgenommen werden, in verschiedener Entfernung zu Boden fallen. Durch die Erhöhung des Luftwechsels auf das 8- bis 9fache, bei einer Eintrittsgeschwindigkeit von 5,4 m/s müssen die Tropfen mit einem Durchmesser unter 1,25 mm mitgerissen werden. Nach dreitägigem Betrieb mit einem 8- bis 9fachen Luftwechsel war der ohne Neigung ausgeführte Deckenschlauch in der ganzen Länge überschwemmt, so daß die Befeuchtung abgestellt werden mußte. Das stehende Wasser tropfte durch Ritzen auf die Maschinen, so daß eine weitere Befeuchtung und die Vornahme entsprechender Messungen nicht möglich war.

Zur Erreichung einer gewünschten relativen Feuchtigkeit von 60%
bis 65% wurde eine unmittelbare Saalbefeuchtung, bestehend aus drei
Strängen mit Zerstäubern der Firma Maschinenfabrik Friedr. Haas,
Lennep, Rhld., eingebaut. Bei diesen Zerstäubern tritt die Luft aus
einem Rohr von 3,6 mm l. W. aus und schneidet in geringem Abstand
das unter 60° gegen das Luftrohr geneigte dünne Wasserzuleitungsrohr.

Das Betriebsmittel ist Druckluft von 0,5 atü, welche von einem
Rotationsgebläse in gleichmäßigem Strome erzeugt und allen Zerstäubern durch Rohrleitungen zugeführt wird.

Die Zerstäuberstränge bestehen aus einer Druckluftleitung, welcher
die Einzelzerstäuber aufgesetzt sind und der im geringen Abstand darunter befestigten Wasserleitung. Von der Wasserleitung führt ein
Kupferröhrchen zu jedem Zerstäuber.

Zur Regelung der zerstäubten Wassermenge ist jeder Strang an
einen geschlossenen Regulierbehälter angeschlossen, welcher zur Hälfte
mit Wasser gefüllt ist und dessen Wasserstand durch Regelung des
Wasserzulaufes mittels Schwimmerventils auf gleicher Höhe gehalten
wird. Der Luftraum des Wasserkessels steht mit der Druckluftleitung
in Verbindung unter Zwischenschaltung eines Druckmindererventils
(Regler). Durch Einstellung des Reglers kann der Druck im Kessel von
0 bis 4 m WS verändert und dadurch das Wasser in der Leitung bzw.
in den Verbindungsröhrchen zu den Zerstäubern verschieden hoch eingestellt werden. Je nach dem Wasserstand in den Verbindungsröhrchen
wird mehr oder weniger Wasser von den Zerstäubern eines Stranges
angesaugt und zerstäubt.

Diese Zerstäuber, welche von der Spinnerei nach mehrjähriger
Betriebszeit in anderen Arbeitssälen von verschiedenen anderen Be-
feuchtungseinrichtungen allein noch in Betrieb gehalten wurden, lieferten
auch in dem untersuchten Saal eine tropfenfreie, gleichmäßige Zerstäubung.

Die Frischluftförderung beträgt im normalen Sommerbetrieb, wie
am Anfang angeführt, 41,7 m³/s. Die im 4. Saal vorgenommene Messung
zeigt, daß durch die 2 Deckenschläuche mit kleinen Austrittsschlitzen
9,41 m³/s eintreten. Bei einem Saalinhalt von 10250 m³ entspricht diese
Frischluftzufuhr einem 3,32fachen stündlichen Luftwechsel.

Infolge der abnehmenden Luftgeschwindigkeit bei gleichem Querschnitt nimmt die Lufttemperatur im Schlauch gegen das Ende um
rd. 5° zu (Abb. 25), und
die Feuchtigkeit sinkt um
rd. 10%, so daß der vor-
dere Teil des Saales wär-
mere Frischluft als der hin-
tere erhält.

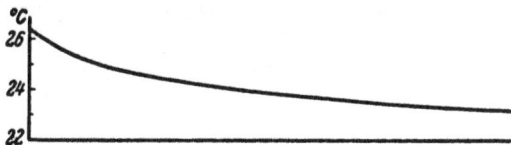

Abb. 25.

Die Austrittsgeschwindigkeit der Luft aus den Frischluftöffnungen hängt nur vom Druckunterschied zwischen Deckenschlauch und Saal ab. Die Geschwindigkeit der im Schlauch strömenden Luft kann wegen der rechtwinkeligen Abzweigung der Austrittsschlitze nicht zur Geschwindigkeit der Austrittsluft beitragen.

Die Austrittsöffnung des 48 Schlitze von je 0,0182 m² beträgt 0,873 m². Die durch diesen Querschnitt austretende Luftmenge von 9,41 m³/s besitzt daher rechnerisch eine Luftgeschwindigkeit von 9,41 : 0,873 = 10,8 m/s.

Die Strömungserscheinungen eines freien Luftstrahles sind um so verwickelter, je lebhafter die Luftbewegung vor sich geht. Zur Ermittlung der Luftbewegung gehört die Feststellung der Stromgeschwindigkeit in allen Teilen des Feldes vor der Austrittsöffnung und die Ermittlung der in der Umgebung des Strahles bewegten Luftmengen. Infolge der Schwierigkeit, die Luftbewegung im Raum oberhalb der laufenden Maschinen zu beobachten, mußte sich die Messung auf die in der Strahlachse herrschende Luftbewegung beschränken.

Der austretende Luftstrom verliert rasch an Geschwindigkeit und senkt sich, durch den Deckenbalken abgelenkt, zu Boden, wobei ein dauerndes Erwärmen während des Herabsinkens auf die Maschinen erfolgt. Dieser seitlich gerichtete Luftstrom besitzt durch seine große Anfangsgeschwindigkeit eine ansaugende Wirkung auf die neben der Austrittsöffnung liegende, durch die Maschinen erwärmte Luft, die unter den Frischluftschläuchen in die Höhe strömt und nach Vermischen mit der Frischluft stetig umgewälzt wird. Durch diese Art der Luftzuführung ist also eine gleichmäßige Temperaturverteilung längs den Maschinen nicht zu erreichen, besonders dann nicht, wenn der Luftkanal zur Verringerung der Höhe eine beträchtliche Breite besitzt. Bei einer solchen Luftzuleitung ist es nötig, dem unter den Luftschläuchen aufsteigenden warmen Luftstrom durch Zufuhr von Frischluft entgegenzuwirken, was am besten durch Ausbau der Leitbleche als Prallflächen erreicht wird, wodurch ein Teil der Frischluft unter die Schläuche gelangt. Der kleine unter diesen Prallflächen entstehende tote Raum bewirkt ein örtliches Aufsteigen der angesaugten Luft, welches aber bei nicht zu großer Luftausströmungsgeschwindigkeit nicht bis zu den Maschinen hinabreicht.

Der aus den Frischluftschlitzen austretende Luftstrom nimmt eine Form an, ähnlich der aus den Lehren der mechanischen Wärmetheorie für die Ausströmung aus Düsen gefundenen (14). Dabei ist der im Druckraum befindliche Düsenteil bedeutend kürzer im Verhältnis zu dem mit der freien Luft in Verbindung stehenden. Infolgedessen ist die Luftbewegung der ausströmenden Luft im Druckraum auf eine viel geringere Entfernung vom Austritt als im Ausblaseraum zu spüren. Diese Tatsache verlangt, daß die Lufteintrittsöffnungen von den Stellen des

Saales, in denen eine Aufwirbelung des Flaumes zu erwarten ist, möglichst weit entfernt anzubringen sind, während dies für die Absaugestellen nicht der Fall zu sein braucht.

Wird also die Luft von unten nach oben geführt, so muß für die eintretende Luft eine viel geringere Luftgeschwindigkeit oder dementsprechend bedeutend größere Eintrittsöffnungen vorgesehen werden. Kalte Luft über dem Boden einzulassen, so daß sie sich dort verbreiten kann, wurde durch Einströmenlassen der kalten Luft bei Windanfall durch die geöffneten unteren Fenster versucht. Die am Boden mittels Anemometer nicht meßbare Luftbewegung, welche nur am Flaumflug zu beobachten war, genügte, daß von seiten der Arbeiterinnen über Luftzug geklagt wurde und eine Arbeiterin wegen rheumatischen Anschwellens der Füße die Arbeit niederlegen mußte. Die große Empfindlichkeit der Arbeiterinnen gegen kalte Füße und die dadurch auftretenden gesundheitlichen Schädigungen verbieten die kalte Luft von unten einströmen zu lassen. Dazu treten noch die Bedingungen, daß das gerissene, herabhängende Garn der Ringspinnmaschinen von den Putzwalzen aufgenommen werden muß, um sich nicht mit den Nachbarfäden zu vereinigen und dadurch Grobfäden zu erzeugen.

Eine Temperatur von rd. 30° C bei 60% relativer Feuchtigkeit verursacht gewöhnlich starken Schweißausbruch und körperliche Beschwerden. Sobald jedoch die Luft in reichlicher Bewegung gehalten wird, verschwinden diese Nachteile. Auch dann, wenn reichlich Zitronenwasser genossen wird, bleiben Schweißausbrüche auf einem Grad beschränkt, der als nicht belästigend bezeichnet werden kann (12).

III. Wärmeentwicklung und Verteilung im Arbeitssaal.

Der zur Vornahme eingehender Messungen zur Verfügung gestellte Arbeitssaal ist mit Ringspinnmaschinen für Baumwolle und in der Südostecke mit Spulern (Flyer) gleichmäßig besetzt.

Der Antrieb der Maschinen erfolgt durch eine durch den Saal reichende Hauptwelle 28 (Abb. 3), von der durch Riemen unter der Decke über Leitrollen an den Seiten der Frischluftschläuche die einzelnen Maschinen angetrieben werden.

Der Kraftverbrauch des untersuchten Saales wurde durch Gruppenindizierung der Dampfmaschine zu 293 PS ermittelt.

Nach den Angaben der Lieferfirma (Dobson und Barlow) wurde der Kraftbedarf nachgerechnet. Für die einzelnen Maschinengruppen wurden folgende Werte eingesetzt:

100 Spindeln Feinspuler   mit $n = 1100$/min = . 1,32 PS
100   »   Ringspindel » 6″ Hub = . . . 1,1 »

Im Saal liefen 940 Spindeln Feinspuler und 25 900 Ringspindeln. Der Kraftbedarf errechnet sich zu:

$$\text{Feinspuler:} \quad \frac{940 \cdot 1,32}{100} \qquad = \; 12,40 \text{ PS}$$

$$\text{Ringspinnmaschinen:} \; \frac{25\,900 \cdot 1,1}{100} = 285,00 \text{ PS}$$

Gesamtkraftbedarf $\qquad\qquad$ 297,40 PS.

Unter der Annahme, daß bei Vollbetrieb der gesamte Kraftverbrauch in Wärme umgesetzt wird, errechnet sich eine Wärmeerzeugung von

$$297,40 \cdot 632 = 188\,000 \text{ kcal/h.}$$

Die Messung des Kraftbedarfes hätte auch durch ein Torsionsdynamometer, z. B. das Föttings-Dynamometer (16), vorgenommen werden können, zu diesem Zweck hätte jedoch der Gleitmodul des Wellenmaterials oder bei Benutzung eines optischen Dynamometers nach Vieweg (15) die Verdrehung der Welle abhängig von der Belastung bestimmt werden müssen.

Da eine Materialentnahme der Welle zur Prüfung nicht zulässig ist und die evtl. Eichung des Dynamometers auf zu große Schwierigkeiten gestoßen wäre, mußte die Nachprüfung des durch Gruppenindizierung der Dampfmaschine gefundenen Kraftbedarfes unterlassen werden.

Die durch Gruppenindizierung der Dampfmaschine ermittelten Werte stimmen weitgehendst mit den von der Lieferfirma angegebenen Kraftbedarfszahlen überein, so daß diese als richtig angesehen werden können. Zu den von den Maschinen entwickelten Wärmemengen kommt die von den im Raum beschäftigten Personen hinzu.

Im Saal war im Durchschnitt nachstehende Personenzahl beschäftigt:

Meister	1
Untermeister	1
Vorarbeiterinnen	9
Feinfleyerinnen	3
Aufsteckerinnen	3
Troßlerinnen	56
Reservetroßlerinnen	5
Abzieherinnen	27
Kistenfahrer	2
Maschinenöler	2
Kehrerin	1
Gesamtpersonenzahl . . .	110.

Da sich die Kistenfahrer nur vorübergehend im Saal aufhielten und stets einige Personen auf kurze Zeit den Raum verließen, wird im folgenden mit einer durchschnittlichen Anzahl von 100 Personen gerechnet.

Nach Untersuchungen von Pettenkofer und Rubner (7) gibt ein Mensch je Stunde an Wärme ab:

bei schwererer Arbeit . . 140 kcal/h
bei mittlerer Arbeit . . . 120 »
in Ruhe . . . . 100 »

In mäßig besetzten Räumen gibt eine Person in Ruhe nur 75 kcal/h ab, wobei zum Ausgleich eine stärkere Feuchtigkeitsabgabe stattfindet. Da in den Räumen der Textilindustrie die Arbeiter sich dauernd bewegen und der hohe Feuchtigkeitsgehalt der Luft die Wasserabgabe behindert, ist die Wärmeabgabe je Person mit 120 kcal/h angenommen worden (1).

Die Wärmeentwicklung der Personen stellt sich auf 100 · 120 = 12000 kcal/h.

Die gesamte Wärmeentwicklung beträgt somit bei vollem Betrieb 200000 kcal/h.

Der Kraftverbrauch verteilt sich auf die einzelnen Arbeitsteile der Ringspinnmaschinen nach folgender Zusammenstellung.

(Nach Katalog der Textilmaschinen A.-G., Ingolstadt) (15).

Minutliche Spindelumdrehungen	8000	9000
Nackte Spindel . . . . %	56,60	53,43
Hülse und Garn . . . . %	15,10	16,03
Läuferzug . . . . %	19,81	22,14
Antrieb, Streckwerk und Ringbank . . %	8,49	8,40
	100	100

Die stärkste Wärmequelle befindet sich innerhalb der Maschinen. Dort werden rd. 70% der gesamten Arbeit in Wärme umgesetzt.

IV. Temperaturverteilung im Saal.

1. Temperaturverteilung zwischen den Maschinen.

Die von den Maschinen frei werdende Wärmemenge wird an die sie umgebende Luft abgegeben. Die Weiterleitung dieser Wärmemenge in die Raumluft erfolgt bei fehlender zwangläufiger Lüftung in der Nähe der Maschinen durch die von denselben in Bewegung gesetzten Luftmassen und in größerer Entfernung durch die natürliche Bewegung warmer und kalter Luftmassen infolge des verschiedenen spezifischen Gewichtes.

a) Messungen der durch die Spinnmaschinen hervorgerufenen Luftbewegungen.

Die Bewegung der sich mit der Spindel drehenden Kötzer reißt die sie umgebende Luft mit. Die Luft erhält an der Übergangsstelle des Körpers zum Ansatz und an der Übergangsstelle des zylindrischen zum oberen kegelförmigen Teil des Körpers die größte Geschwindigkeit; in der Mitte des zylindrischen Teiles ist sie etwas geringer, ebenso nimmt die Luftgeschwindigkeit längs des konischen Teils des Kötzers mit abnehmendem Durchmesser ab. Neben dieser in gleichem Sinne mit der Drehrichtung des Kötzers auftretenden Luftströmung tritt noch eine zweite von der Stellung der Ringbank abhängige Luftbewegung auf. Bei tiefster Stellung der Ringbank wird der Luftstrom etwas nach unten abgelenkt, während bei hochstehender Ringbank, wohl durch die Zentrifugalwirkung des rotierenden Fadenschleiers, die Luft in den Spinnring schwach eingesaugt wird. Diese von der Stellung der Ringbank abhängige Luftbewegung ist jedoch von untergeordneter Bedeutung. Der Einfluß dieser Bewegung auf die später besprochene Temperaturverteilung kann nicht berücksichtigt werden, da während einer Messung die Ringbank ihre Lage dauernd ändert.

Längs den Maschinen wird durch die sich nebeneinander drehenden Spindeln ein außerhalb und ein innerhalb der Maschinen liegender Luftstrom in Höhe der Kötzer erzeugt.

Eine weitere Luftbewegung erfolgt durch die Schnurtrommeln, welche die Luft am Boden in die Maschinenzwischengänge treibt, während in 150 mm Höhe ein schwaches Ansaugen unter die Maschinen erfolgt. Ein stark ausgeprägter Luftstrom ist aber nicht zu bemerken. Es erfolgt also unter den Maschinen ein ständiges Umwälzen der erwärmten Luft. Die Messung der Luftbewegung in größerer Entfernung von den Maschinen war infolge der geringen, nicht meßbaren Luftgeschwindigkeiten nicht möglich, so daß diese auf indirektem Wege durch Messung der durch die Luftbewegung hervorgerufenen Temperaturverteilung festgestellt wurde.

b) Messung der Temperaturverteilung.

Die Messung der Temperaturverteilung in den Zwischengängen zwischen den Maschinen wurde auf dieselbe Art vorgenommen, wie diese weiter unten für die Ermittlung der Temperaturverteilung im Saalquerschnitt beschrieben ist.

Die erste Messung wurde bei stillgesetzter Lüftung vorgenommen. Die erhaltenen Werte sind in Abb. 26, Querschnitt 1 gezeichnet. Aus dem Temperaturverteilungsdiagramm ist es ersichtlich, wie die Wärmemengen aus den Maschinen in den Zwischengang eindringen. Die Wärmeübertragung an die Luft erfolgt senkrecht zu den Linien gleicher Temperatur. Die

Temperatur im Inneren der Maschinen kann wegen der starken Durch-
wirbelung derselben durch die umlaufende Schnurtrommel und die An-
triebsschnüre als gleichmäßig angenommen werden. Wie aus der linken

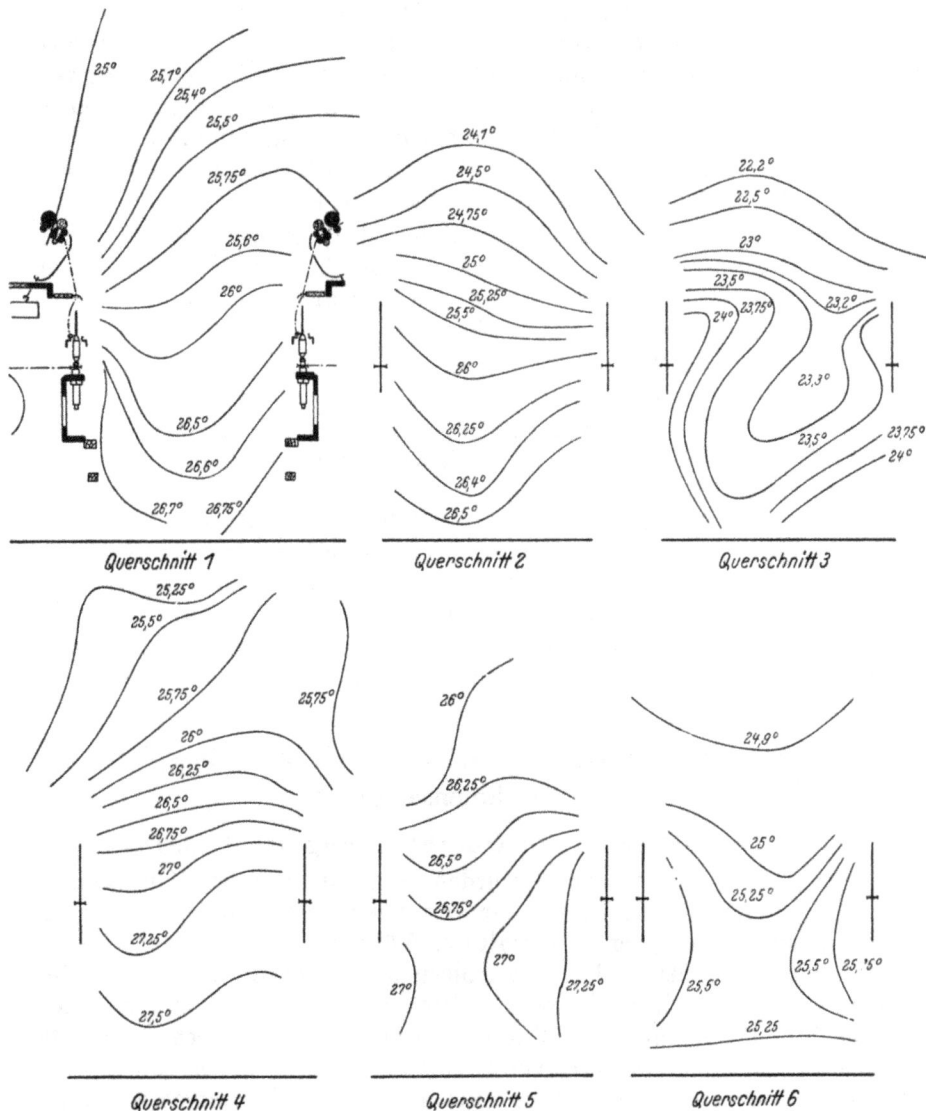

Abb. 26.

Seite des Querschnittes 1 ersichtlich ist, wird der größte Teil der Wärme
von den warmen Spindellagern an die Luft abgegeben. In größerem Abstand von den Maschinen nimmt die Lufttemperatur ständig ab. Über

jedem Maschinenzwischengang war eine geringe Temperaturerhöhung zu beobachten, welche sich gegen die Decke allmählich verflacht.

Die weiteren Messungen wurden bei einem 8 fachen Frischluftwechsel in der Stunde vorgenommen. Die im Querschnitt 2 bis 6 dargestellten Meßergebnisse wurden an den in Abb. 27 mit gleichen Zahlen versehenen Stellen des Querschnittes gewonnen. Die Temperaturverteilung im Querschnitt 2, welcher den Außenfenstern zunächst liegt, zeigt fast keinen Unterschied gegenüber dem im Querschnitt 1. Dies ist ein Zeichen, daß der aus dem an der Decke befindlichen Luftschlauch austretende Luftstrom nicht bis zu diesem Querschnitt reicht.

Im Querschnitt 3 ist eine Senkung der Temperaturlinie in den Maschinenzwischengang zu beobachten. Die Ursache liegt darin, daß der aus dem Deckenschlauch fast waagrecht austretende Luftstrom durch einen Deckenbalken nach unten abgelenkt wird und dadurch von oben in den Zwischengang eindringt.

Der Querschnitt 4 liegt etwas vor der Luftaustrittsöffnung des Deckenschlauches. Der Anstieg der Temperaturlinie oberhalb der Maschinen ist auf das Ansaugen der Luft durch den als Injektor wirkenden Luftstrom zurückzuführen.

In den Querschnitten 5 und 6 ist die Temperatursenkung durch das Herabsinken der an der Unterseite des Deckenschlauches austretenden Luft zu beobachten. Das Auftreten einer niedrigen Temperatur in der Nähe des Fußbodens ist darauf zurückzuführen, daß durch die neben der Luftaustrittsöffnung senkrecht verlaufenden Riemenzüge Frischluft nach unten mitgerissen wird, die sich am Fußboden ausbreitet.

2. Temperaturverteilung im Querschnitt des Ringspinnmaschinensaales.

a) Meßvorrichtung und Durchführung der Messungen.

Zu dieser Untersuchung wurden 6 genau zeigende Quecksilber-Stabthermometer mit 0,1° C Teilung verwendet. Die Thermometer dienten zur Messung der Temperatur an 5 übereinanderliegenden Punkten des Saalquerschnittes. Um die Ablesungen nicht durch die vom Beobachter ausgestrahlte Wärme zu fälschen und um während der Messung die Luftbewegung im Temperaturfeld nicht zu stören, wurde die Ablesung mittels Fernrohres von Boden aus vorgenommen. Die anfänglich vorgenommene senkrechte Aufhängung der Thermometer konnte zur Durchführung der Messungen nicht beibehalten werden. Der Quecksilberfaden und die Skala des Stabthermometers liegen im Abstand des halben Thermometerdurchmessers hintereinander, so daß bei den höher als das Auge des Beobachters aufgehängten Thermometern Parallaxenfreiheit nicht zu erzielen war. Die Ablesungen wurden derart vorgenommen, daß die Thermometer zwischen Beobachter und den Fenstern lagen. Bei den Ablesungen in größerem Abstand von den Fenstern war bei der senkrechten Stellung des Thermometers durch verschiedene Lichtbrechung weder die Skala noch die Quecksilbersäule sichtbar. Aus diesen Gründen mußten zur Erzielung von Parallaxenfreiheit und zur Vermeidung von störenden Lichtreflexen die Thermometer in gleichmäßig geneigter Stellung aufgehängt werden. Da die Thermometer bei senkrechter Lage geeicht werden, so kann durch die schräge Lage der Thermometer eine etwas höhere Temperatur abgelesen werden, weil das Quecksilber nicht mehr unter dem vollen Druck der Quecksilbersäule steht. Dieser bei der Ablesung auftretende Fehler spielt jedoch keine Rolle, weil der Fehler bei allen Thermometern in gleichem Maße auftritt und durch die Messung nur der Temperaturunterschied zwischen verschiedenen Punkten des Temperaturfeldes ermittelt werden soll.

Eine Ungenauigkeit der Messung trat dadurch auf, daß die Thermometer ohne Strahlungsschutz verwendet werden mußten. Diesen Fehler durch Verwendung eines ventilierten Strahlungsschutzes zu vermeiden, ist nicht zulässig, weil die entstehenden Luftströmungen, die Temperaturverteilung im Temperaturfeld so stark verändern, daß ein falsches Bild der Temperaturverteilung entsteht.

Die Verwendung zweier Thermometer mit verschiedenen Strahlungszahlen nach Hansen (17) war, als die Messungen vorgenommen wurden, noch nicht bekannt.

Die Vernachlässigung der Strahlung kann jedoch nur einen kleinen Fehler verursachen, da nur die Spindellager der Maschinen eine etwas höhere Temperatur als die Raumluft besitzen. Das Spindelöl besaß während des Betriebes eine nur rd. 5^0 C höhere Temperatur als die das Lager umgebende Luft. Die Oberflächentemperatur des Lagers muß einen noch geringeren Temperaturunterschied besitzen, da das Lager dauernd durch die von den Antriebsschnüren mitgerissene Luft gekühlt wurde. Die Oberflächentemperatur der Lager wurde nicht gemessen.

Daß die Wärmestrahlung bei den vorhandenen Temperaturunterschieden nur eine untergeordnete Rolle spielt, ist daraus zu ersehen, daß die Thermometer die Änderung der Temperatur bei Veränderung der Luftbewegung anzeigen.

Die Vernachlässigung der Strahlung ergibt ein verzerrtes Bild der Temperaturverteilung, welches jedoch auf die Schlußfolgerungen keinen Einfluß hat, weil ebenso wie die Thermometer auch die auf den Maschinen versponnene Baumwolle durch die von den Maschinen ausgestrahlte Wärme erwärmt wird. Diese Erwärmung bewirkt ebenso ein Austrocknen der Faser wie eine etwas höhere Lufttemperatur an derselben Stelle.

Die Thermometer waren durch wagerechte Arme aus Draht an einer Holzlatte befestigt, die mit einem Haken an den unter der Decke liegenden Sprinklerleitungen aufgehängt wurde. Die Ablesung erfolgte mittels Fernglas. Dadurch wurde es möglich, die Temperaturverteilung vom Boden bis zur Decke gleichzeitig zu ermitteln.

War die Ablesung an einer Meßstelle vorgenommen, so wurde die Latte mit den Thermometern auf die nächste Sprinklerleitung aufgehängt.

Die Thermometer zeigten infolge der geringen Temperaturunterschiede zwischen den einzelnen Meßstellen schon nach 3 bis 4 Minuten die Temperaturen der neuen Meßstelle an, so daß jede Ablesung nach 5 Minuten vorgenommen werden konnte. War nach 45 Minuten der halbe Saalquerschnitt untersucht, so wurden die Luftverhältnisse im Freien, vor und nach den Bläsern und im Luftschacht gemessen, worauf die Messung im Saal nochmals vorgenommen wurde.

Die Messung der Luftbewegung mittels Anemometers war im Saalquerschnitt nicht möglich, weil die Luftgeschwindigkeiten unter der Meßgrenze des Instrumentes lagen.

b) Auswertung der Messungen.

Der Saalquerschnitt wurde auf Millimeterpapier eingezeichnet Abb. 27. Die einzelnen Stellen, an denen die Latte mit den Thermometern aufgehängt wurde und an denen die Ablesungen vorgenommen wurden, sind in der Abb. 27 mit laufenden Nummern *1* bis *9* bezeichnet. Die in dieser Abbildung dargestellten Meßergebnisse wurden bei einer Außentemperatur von $+1$ bis $1,5^{\circ}$ C und bei stillgesetzter Lüftungsanlage gewonnen.

Die drei nacheinander vorgenommenen Ablesungen jedes Thermometers, an jeder Meßstelle wurden abhängig von der Zeit im Diagramm Abb. 28 eingetragen. Die Temperaturen an jeder Meßstelle nehmen während der Zeit, in der die Messungen vorgenommen wurden, gleichmäßig zu, da die Temperaturlinien als fast gerade Linien mit gleicher Neigung erscheinen. Die Neigungswinkel der Temperaturlinien der Meßstellen im Inneren des Saales sind kleiner als an den Meßstellen in der Nähe der Fenster. Diese verschiedene Temperaturzunahme ist ein Zeichen, daß sich die Temperaturverteilung während der Messungen geringfügig veränderte, weil der Gleichgewichtszustand zwischen den Wärmeverlusten durch die Abkühlungsflächen der Fenster und der Wärmeentwicklung im Saal während der Messung noch nicht erreicht war. Um die Temperaturen jeder Meßstelle zu einer bestimmten Zeit, in diesem Falle 10^{h} vormittags, zu erhalten, sind in den Zeit-Temperatur-Diagrammen Abb. 28 die Abszissen für 10^{h} eingezeichnet. Aus den Schnittpunkten dieser Senkrechten mit den Temperaturlinien erhält man die an allen Meßstellen zu gleicher Zeit herrschenden Temperaturen, welche im Diagramm Abb. 27 eingezeichnet wurden.

Durch jede der neun Meßstellen wurde in der Querschnittszeichnung eine Senkrechte gezogen, die als Nullinie der Temperaturverteilungsdiagramme an diesen Stellen dient. Als Ausgangswert für die Auftragung wurde die den Ablesungswerten zunächst liegende volle Temperatur

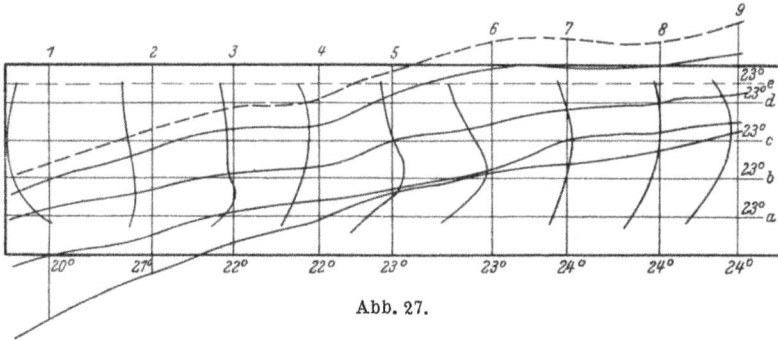

Abb. 27.

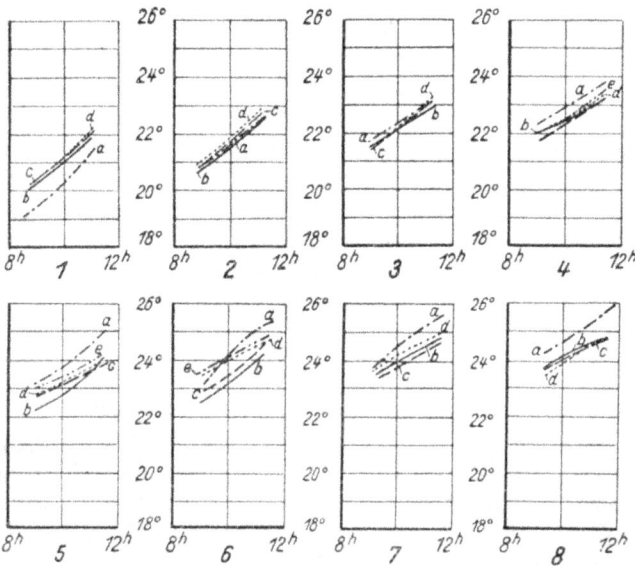

Abb. 28.

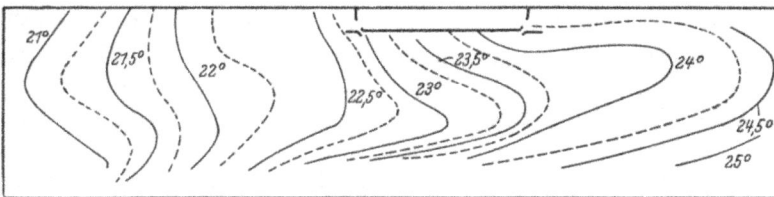

Abb. 29

3*

in Grade Celsius eingesetzt; für die Meßstelle in der Nähe der Fenster 20°C und in der Saalmitte 24°C. Die aus den Diagrammen Abbildung 28 entnommenen Temperaturen wurden im Maßstab 0,1°C = 1 mm, ausgehend von der als Nullinie angenommenen vollen Temperatur, nach links aufgetragen. Durch Verbindung der einzelnen Temperaturpunkte läßt sich die Temperaturverteilung an jeder Meßstelle vom Boden bis zur Decke verfolgen.

Um das Bild der Temperaturverteilung in der Horizontalen zu erhalten, wurden die Querschnittslinien *1* bis *9*, Abb. 27 durch Höhenlinien *a*, *b*, *c*, *d* in je 1 m Abstand und *e* in 4,5 m Höhe geschnitten. Von diesen Höhenlinien aus wurden die an den Schnittpunkten mit den Senkrechten vorhandenen Temperaturen aufgetragen. Als Ausgangstemperatur wurde für alle Höhenlinien eine Temperatur von 23°C eingesetzt. Die Verbindung der eingetragenen Temperaturen ergibt die Temperaturverteilung in jeder Höhenlinie.

Aus den senkrechten und horizontalen Temperaturverteilungslinien können im Querschnitt alle Stellen mit gleicher Temperatur festgestellt werden. Um die Temperaturverteilung im Saalquerschnitt darzustellen, wurden alle Stellen mit vollen, halben und viertel Grad Celsius aus dem Diagramm entnommen und in Abb. 29 eingezeichnet. Die vollen und halben Grad Celsius entsprechenden Punkte wurden mit vollen Linien, die viertel Grad entsprechenden mit gestrichelten Linien verbunden.

Auf dieselbe Weise wurde die Messung der Temperaturverteilung bei verschiedenen Außenluftverhältnissen und verschiedener Einstellung der vor den Luftaustrittsöffnungen befindlichen Leitbleche vorgenommen und in Abb. 30 bis 34 eingezeichnet.

c) Die Meßergebnisse.

Wie aus dem Meßergebnis Abb. 29 bei stillgesetzter Lüftung zu ersehen ist, verteilt sich die Temperatur derart, daß bei einer Außentemperatur von rd. +1,5°C die durch die Fenster erfolgende Abkühlung der Saalluft sich bis in die Saalmitte erstreckt, so daß sich zwei getrennte warme Luftschichten, eine zwischen den Maschinen, die zweite mit etwas niedrigerer Temperatur unter der Decke ausbreiten. Da keine stetige Temperaturzunahme vom Boden zur Decke gemessen wurde, kann die kältere Zwischenschicht nur an einzelnen Stellen von der durch die Maschinen erwärmten Luft durchbrochen worden sein.

Die erwärmte Schicht über Boden kann, selbst wenn diese leichter ist, die darüber gelagerte kältere Schicht nicht durchdringen und als Ganzes wie ein Ballon steigen. Steigt ein Teil der Schicht hinauf, so muß ein anderer Teil heruntersinken. Diese Lagerung ist in hohem Grade instabil, so daß der geringste Anstoß genügt, um die Luft an einzelnen Stellen in Bewegung zu setzen.

Im Inneren des Saales können nur kleinere Luftmengen, die örtlich überwärmt, oder durch die Bewegung der Maschinen getrieben sind, aufsteigen. Diese bringen aber nicht ihre gesamte Wärme in die Höhe, sie verlieren sie schon durch Mischung mit der kühleren niedersinkenden. Es stellt sich derart über den Maschinen ein fortwährendes Aufsteigen und Niedersinken von Luftteilchen ein. Auf diese Art schreitet also die Erwärmung von den Maschinen im Saal in die Höhe. Die Beobachtung dieses Aufsteigens warmer und Sinken kühlerer Luft in kleineren oder größeren Luftwirbeln ist infolge der Trägheit der Thermometer nicht direkt möglich, doch bestätigt die Bewegung von ganz feinem schwebenden Baumwollflug diese Annahme.

Die Raumluft im ganzen Saal befindet sich dauernd in langsamer Bewegung. Die an den Fenstern abgekühlte Raumluft sinkt nach unten und läßt die warme Luft unterhalb der Decke nachströmen. Die nachströmende Luft kühlt sich in der Nähe der Fenster schon an der Decke etwas ab, so daß sie schräg nach unten gegen die Fenster strömt, wie die Ausbuchtung der Temperaturlinie Abb. 29 in der Nähe der Fenster zeigt. Die in der unteren Saalhälfte eindringende abgekühlte Luft erwärmt sich zwischen den Maschinen, kann jedoch aus den oben angeführten Gründen nicht als Ganzes zur Decke aufsteigen. In größerem Abstand von den Außenwänden nimmt die Erwärmung ständig zu, während der Einfluß der Abkühlung durch die Fenster sich auf eine immer schmäler werdende und höher liegende Luftschicht verringert.

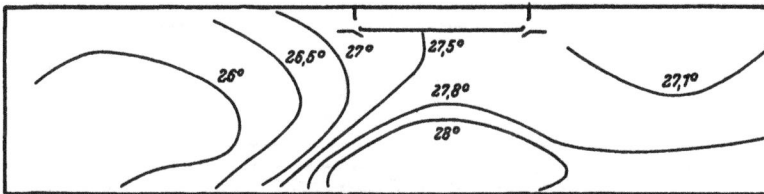

Abb. 30.

Ist die Außentemperatur höher, z. B. $+16^\circ$ C, so erfolgt die seitliche Abkühlung nur in einer geringeren Tiefe, Abb. 30. In der Saalmitte stellt sich auch diesmal die höchste Temperatur zwischen den Maschinen ein. Diese Lagerung ist somit trotz des labilen Zustandes eine ständig wiederkehrende Erscheinung.

Wird die Lüftung in Betrieb genommen, so drückt der aus den Luftschlitzen des Deckenschachtes austretende Luftstrom die Temperaturkurven jeweils nach unten, so daß sich in größerer Höhe die Temperaturverteilung im Saallängsschnitt nach Abb. 31 einstellt. Diese Luftbewegung ist nur bei den gegen die Fenster gerichteten Luftströmen erkennbar. Gegen das Innere des Saales können sich die Luftstrahlen nicht ausbilden, weil sie durch die Bewegung der unter der Decke verlaufenden Riemen sofort gestört werden. Sie bewirken durch ihre Mischung mit der Saalluft unter der Decke nur eine Abkühlung der obersten Luftschicht.

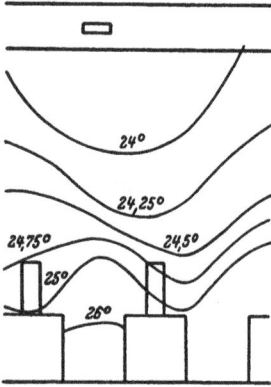

Abb. 31.

Die sich dadurch im Saalquerschnitt einstellende Temperaturverteilung zeigt Abb. 32 für einen 5fachen Luftwechsel. Die Temperaturverteilung in Höhe der Maschinen zeigt gegen die Saalmitte ein Ansteigen der Temperatur. Die kühle Luft wird nur in Richtung des Luftstromes nach unten gepreßt, während unter den Deckenkanälen die erwärmte Luft wieder in die Höhe steigt. Die Wirkung des Luftstrahles ist auf einen zu geringen Raum beschränkt, so daß die Temperatur und die relative Feuchtigkeit längs der Maschinen verschieden ist. Gegen die Fensterreihe kühlt sich die Luft ab.

Durch Abänderung der Leitbleche konnte der Luftwechsel auf das 5- bis 6fache in der Stunde gesteigert werden. Um diese großen Luft-

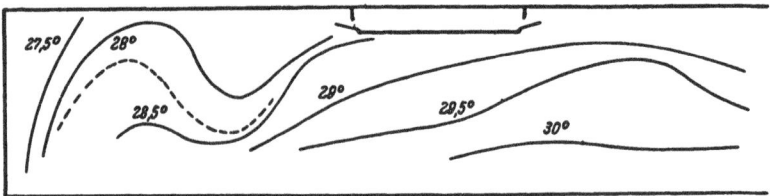

Abb. 32.

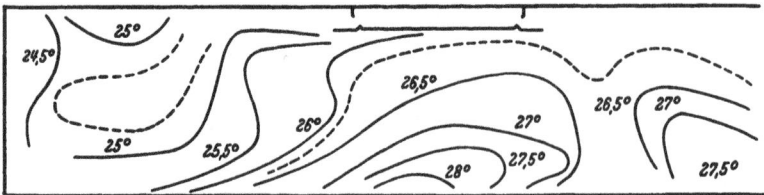

Abb. 33.

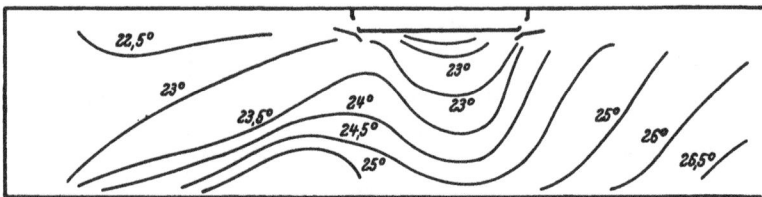

Abb. 34.

mengen aus dem Saal entweichen zu lassen, mußte eine Fensterseite geöffnet werden, während die Seite, an der die Messungen stattfanden, geschlossen blieb. Es stellte sich bei diesem Betrieb die Temperaturverteilung nach Abb. 33 ein. Der Verlauf ist ähnlich dem in Abb. 32, nur sind die Strömungen stärker ausgeprägt. Durch die neben den Luftkanälen nach unten führenden Riemenzüge wird ein Teil der Frischluft nach unten gerissen, so daß bei dieser Messung ein Durchbruch kälterer Luft nach unten zu beobachten ist.

Zur weiteren Vergleichmäßigung der Temperatur wurden die Leitbleche so ausgebildet, daß die Frischluft auch unter die Deckenkanäle gelangt (Abb. 34). Die Gleichmäßigkeit in 1 m Höhe wurde etwas besser erreicht. Es traten nur unter den Leitblechen kleine tote Räume auf, welche aber wegen ihrer geringen Ausdehnung nicht bis zu den Maschinen hinabreichen.

Bei allen Lüftungsversuchen war die Wärmeansammlung in der Mitte des Saales nicht zu beseitigen. Diese Stelle hoher Raumtemperatur wurde erst nach Einrichtung der örtlichen Befeuchtung vermieden.

3. Temperaturverteilung in Kopfhöhe im Saale.

Die aus den einzelnen Luftschlitzen austretende Kühlluft muß bei dem Betrieb mit geschlossenen Fenstern den ganzen Saal durchstreichen, bis sie durch die Absaugeöffnungen an der Ostwand entweichen kann. Wegen der mangelhaften Durchmischung der Frischluft mit der warmen Saalluft wird die Luft an den Wänden abgekühlt, so daß bei Absaugung der Luft an einer Saalseite die Abluft stets eine niedrigere Temperatur zeigt als die Luft in der Saalmitte.

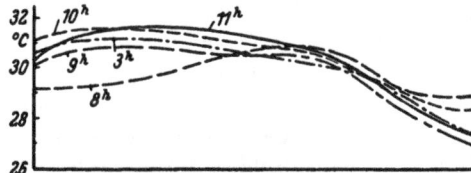

Abb. 35.

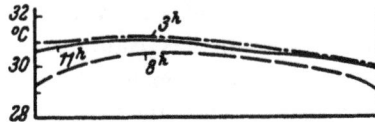

Abb. 36.

In Abb. 35, 36 ist der Temperaturverlauf in Kopfhöhe für die eingetragenen Temperaturen im Querschnitt (Abb. 35) und im Längsschnitt (Abb. 36) dargestellt. Der Einfluß der Sonnenbestrahlung ist in Abb. 35 deutlich zu erkennen. Der dadurch verursachte Temperaturanstieg beträgt höchstens 4° C. Dabei ist zu beachten, daß die Fenster der Nordseite weit geöff-

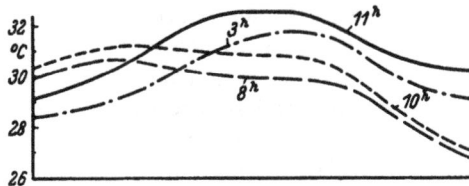

Abb. 37.

net waren, um die durch die Bläser geförderte Luft entweichen zu lassen.
Am darauffolgenden Tag (Abb. 37, 38) mußten um 11ʰ, entsprechend
der Abb. 24, die Fenster geschlossen werden. Es stellten sich für die
folgenden Messungen um 11ʰ und 3ʰ
die früher erwähnte Wärmestauung im
Inneren des Saales in besonders starker Ausprägung ein.

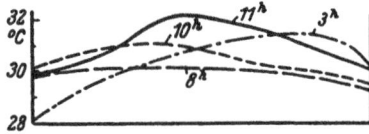

Der Temperaturabfall gegen die
Fenster verstärkt sich im Winterbetrieb
infolge der stärkeren Wärmeausstrahlung, so daß mit reiner Luftheizung
keine gleichmäßige Wärmeverteilung erreicht werden kann. Um die
Wirkung der Abkühlung durch die Fenster aufzuheben und um eine
weitere Einengung des Raumes durch Luftschächte zu vermeiden, wurde
längs der Fenster eine örtliche Heizung durch Heizrohre eingerichtet,
wodurch eine größere Vergleichmäßigung erreicht ist.

Abb. 38.

4. Folgerungen aus den Meßergebnissen.

Aus den Meßergebnissen ist ersichtlich, daß die Anordnung der
Lufteintritts- und Austrittsöffnungen auf die Erzielung einer gleichmäßigen Lüftung vom größten Einfluß ist.

Die durch die Arbeitsmaschinen erwärmte Luft hat das Bestreben
nach oben zu steigen, sobald die Erwärmung im Inneren des Saales über
die Temperatur an den Außenwänden ansteigt. Dieser Temperaturunterschied, welcher mehrere Grade betragen kann, bewirkt ein Kreisen
der Raumluft und zwar längs der Decke von der Mitte nach außen und
über Fußboden in gegenläufiger Richtung. Je größer der Abstand von
von den Fenstern bzw. je größer der Raum ist, desto schwächer ist
diese Bewegung bemerkbar. Während der kalten Jahreszeit kann dieser
Temperaturunterschied durch Einblasen warmer Luft in Richtung gegen
die Fenster nicht behoben werden. Die einzige Möglichkeit zum Temperaturausgleich gibt die Anordnung örtlicher Heizflächen längs der
Abkühlungsflächen des Raumes.

Während der warmen Jahreszeit kann eine Vergleichmäßigung der
Temperatur im Raum nur dadurch erzielt werden, daß durch Luftströme
der natürlichen Bewegung der Luft entgegengewirkt wird.

Die ideale Anlage wäre daher die Frischluft in vollständig gleich-
mäßiger Verteilung in den Saal zu bringen und zwar derart, daß jedes
Luftteilchen einen möglichst kurzen Weg zurücklegt und dabei die von
den Maschinen und Arbeitern freiwerdenden Wärmemengen so abführt,
daß diese die Raumluft so wenig als möglich erwärmt. Eine solche Anlage kann in Hochbauten durch Einbau von Zwischendecken verwirklicht
werden. Die befeuchtete Luft tritt durch kleine, gleichmäßig verteilte

Öffnungen in den Saal ein und strömt senkrecht nach unten. Durch diese Luftführung könnte auch der Luftwechsel und die der Luft beizumischende Wassermenge bedeutend verringert werden, oder es könnte eine stärkere Herabkühlung der Raumluft erzielt werden, weil die Raumluft in Höhe des Garnes nur von einem Bruchteil der gesamten freiwerdenden Wärmemenge erwärmt wird. Diese ideale Ausführung, welche nur in Neubauten möglich ist, scheitert jedoch meistens an den höheren Kosten der Doppeldecken mit den zahlreichen Querwänden zur Trennung der Frischluftzufuhr für den unteren Saal und Abluftabfuhr für den darüber liegenden Raum. Die Zwischendecken müßten dabei so hoch gehalten sein, daß sie zur Reinigung begeh- oder zumindestens bekriechbar sind.

Für die untersuchte Anlage wurde eine Absaugung durch Umbau der Frischluftschläuche vorgeschlagen. Es sollte durch Einbau zweier keilförmig zulaufenden, stehenden Trennwände jeder Frischluftschlauch in 3 Teile geteilt werden, wobei die 2 äußeren Teile wie bisher zur Förderung der Frischluft dienen sollten, während der mittlere keilförmige Teil die Abluft aus dem darüber liegenden Saal durch Schlitze im Boden absaugen soll. Durch ein kurzes Verbindungsstück sollte die Verbindung mit den bisherigen Abluftschächten hergestellt werden. Durch Verengung des Schlauchquerschnittes kann auch erreicht werden, daß sich die Frischluft nicht mehr wie bisher infolge der abnehmenden Geschwindigkeit verschieden stark erwärmt (Abb. 25), sondern über den ganzen Saal mit geringerem Temperaturunterschied aus dem Deckenschlauch austritt.

Dieser Umbau wurde aus wirtschaftlichen Gründen auf günstigere Zeiten verschoben.

In bestehenden Fabrikgebäuden stehen zur Vergleichmäßigung der Temperatur zwei Ausführungsmöglichkeiten offen.

I. Man treibt die Frischluft mit großer Geschwindigkeit unterhalb der Decke als freie Luftströme oder in Blechrohrleitungen in die Räume ein, so daß sie im Inneren des Saales nach unten sinkt, dort die Raumluft abkühlt und längs der Maschinen zurückströmt.

II. Man führt die Frischluft durch Deckenschläuche in das Innere des Raumes und läßt sie dort mit geringer Geschwindigkeit eintreten, so daß dadurch ein Ausgleich der Abkühlung an den Außenwänden erreicht wird.

Die Messung der Temperatur und Feuchtigkeitsverteilung nach Einbau der unmittelbaren Befeuchtungsanlage konnte nicht vorgenommen werden, da die Luft in der Ausblasrichtung der Zerstäuber übersättigt ist und der schwebende Wasserdunst durch Befeuchten der Thermometer eine Psychrometerwirkung hervorruft, so daß bedeutend niedrigere Temperaturen gemessen werden. Die Wirkung der eingebauten Anlage wurde durch Aufstellung der Wärmebilanz der Anlage festgestellt.

V. Temperatur und Feuchtigkeit nach Arbeitsschluß.

Die Lüftung und Befeuchtung wurde in dem untersuchten Spinn-saal 10 bis 15 min vor Betriebsschluß abgestellt. Die Temperatur in Kopfhöhe stieg im Winter bis zum Arbeitsschluß um 1° bis 2°C; die relative Feuchtigkeit sank während derselben Zeit um 4 bis 5%. Nach Arbeitsschluß fiel die Temperaturkurve zuerst während rd. 2 h steil, dann immer flacher verlaufend, bis zum nächsten Morgen ab. Eine gesetzmäßige Form der Abkühlungskurve konnte nicht genau ermittelt werden. Bei Auftragung des Unterschiedes zwischen der Saaltemperatur und der mittleren Außentemperatur in logarithmisches Papier streckte sich die Kurve zu einer Geraden, welche abhängig vom Windanfall, um wenige Grade um einen bestimmten Neigungswinkel schwankte. Der starke Temperaturabfall kurz nach Betriebsschluß fällt aus der Geraden um soviel C-Grade heraus, als die Temperatur nach Abstellung der Befeuchtung gestiegen ist. Es kann somit nur die Temperatur an der Meßstelle durch Umlagerung der Luft gestiegen sein, während die mittlere Temperatur des Saales fast unverändert blieb.

Die relative Feuchtigkeit steigt nach Betriebsschluß bis 9ʰ abends um 3 bis 5% an und bleibt dann fast unverändert bis zum nächsten Morgen. Der kurze Anstieg nach Arbeitsschluß wird durch den Temperaturausgleich in vertikaler Richtung bedingt. Ab 9ʰ abends war ein Temperaturunterschied in verschiedener Saalhöhe nicht mehr zu beobachten, und die relative Feuchtigkeit blieb trotz der Abkühlung fast konstant, ein Zeichen, daß der natürliche Luftwechsel ausreicht, um einen Niederschlag der Luftfeuchtigkeit während der Abkühlung zu vermeiden.

VI. Messung der Lüftung und Befeuchtung.

1. Zweck der Messungen.

Die Unsicherheit in der Berechnung von Luftbefeuchtungs- und Lüftungsanlagen läßt sich aus den verschiedenen, sich widersprechenden Veröffentlichungen in Fachzeitschriften und in der großen Zahl mangelhaft arbeitenden Anlagen feststellen. Der Zweck der Messungen war, die Vorgänge bei Lüftung und Befeuchtung von Arbeitsräumen zu untersuchen, um daraus einen einfachen, für die Praxis geeigneten Berechnungsgang zu finden.

Aus den im untersuchten Spinnsaal vorgenommenen Messungen sind 4 Messungen je eines der 4 Wochenarbeitstage während der Kurzarbeit in beiliegender Zahlentafel und in den Diagrammen auf der Tafel zusammengestellt.

Um den Einfluß der Lüftung festzustellen, sind in den Beispielen die verschiedenen Lüftungsmöglichkeiten, wie sie durch die Anlage zu erreichen waren, vorgenommen worden. Am 1. Arbeitstag (Tafel Abb. 1, 5, 9, 13) sind 2 Ventilatoren im Keller in Tätigkeit und fördern Umluft und Frischluft gemischt. Am 2. Arbeitstag (Tafel Abb. 2, 6, 10, 14) sind 3 Ventilatoren mit Frischluft in Tätigkeit, und die Abluft wird durch den Exhaustor abgesaugt. Am 3. Arbeitstag (Tafel Abb. 3, 7, 11, 15) laufen bis $10^{25\,h}$ 3 Ventilatoren mit »Umluft«, worauf die Lüftung auf 2 Ventilatoren Frischluft und Absaugung der Abluft durch den Exhaustor umgestellt ist. Am letzten Arbeitstag (Tafel Abb. 4, 8, 12, 16) treiben 2 Ventilatoren während des ganzen Tages »Umluft« durch den Saal.

2. Die Meßeinrichtung zur Ermittlung der Berechnungsgrößen und Durchführung der Messungen.

A. Messung der Luftmengen.

Die Geschwindigkeit der ein- und austretenden Luft wurde mittels eines Flügelradanemometers mit Zeigerablesung gemessen. Die Messungen wurden so vorgenommen, daß das Anemometer planmäßig in flachen Schlangenlinien über den zu messenden Querschnitt hin- und herbewegt wurde, so daß die Geschwindigkeiten an allen Teilen der Öffnungen zur Geltung kamen (18).

Die Ermittlung der Luftmenge durch Zerlegung des Querschnittes (18) in einzelne Felder, in deren Mittelpunkt die Luftgeschwindigkeit gemessen wird, so daß sich ein geschlossenes Bild der Luftverteilung aufzeichnen läßt, war nicht möglich, weil während der langen Dauer, die diese Meßart benötigt, durch das ständige Öffnen und Schließen von Türen zu große Fehler in der Messung auftreten.

Die Messung der Luftgeschwindigkeit mittels Staurohr war für die Messung vor den Abluftgittern nicht geeignet. Ebenso mußte die Messung in den Frischluftkanälen mittels Staurohr aufgegeben werden, weil infolge der Luftzufuhr in alle Stockwerke durch gemeinsame Frischluftschächte jedes Öffnen oder Schließen einer Tür eine Veränderung der Luftgeschwindigkeit verursachte, so daß der Druck derart schwankte, daß ein brauchbarer Mittelwert nicht erhalten werden konnte. Das Staurohr wurde deshalb nur zur Eichung der Anemometerangaben benutzt, wobei beide Messer in einem von Luft gleichmäßig durchströmten Kanal aufgestellt wurden. Aus dem Unterschied beider Angaben wurde der Korrekturfaktor für die Anzeigen des Anemometers erhalten.

Die während der Messung eingehaltene zwangläufige Luftzu- und -abfuhr erzeugte im Saal nur geringe Druckunterschiede gegen außen, so daß nur die austretenden Luftmengen gemessen wurden. Zu diesem Zwecke wurde das Anemometer dicht vor den mit Gittern verschlossenen Abluftöffnungen über den ganzen Querschnitt bewegt und die so gefundene Luftgeschwindigkeit mit dem gesamten Gitterquerschnitt multipliziert.

Die gleiche Messung wurde über dem offenen Türquerschnitt vorgenommen.

Die Messungen im 60 cm hohen Frischluftschlauch mußte im Schlauch liegend vorgenommen werden, wobei der Geschwindigkeitsmesser über den ganzen Querschnitt bewegt wurde. Die während der Messung auftretende Querschnittsänderung durch den Beobachter bildet eine Fehlerquelle, die nicht zu vermeiden war.

Der Vergleich der zahlreichen Messungen der Frischluftmenge in den Deckenschläuchen mit den austretenden Luftmengen zeigte, daß der Unterschied beider innerhalb der während der Messung auftretenden Geschwindigkeitsschwankungen lag, so daß sich der Luftwechsel mit genügender Genauigkeit aus der Ermittlung der Abluftmenge allein bestimmen ließ.

Die gemessenen Luftgeschwindigkeiten sind in Millimeterpapier, abhängig von der Zeit, aufgetragen (Tafel Abb. 5, 6, 7, 8), und durch die Meßpunkte eine stetige Linie gezogen, die der mittleren Geschwindigkeit entspricht. Aus diesen Linienzügen ist die Angabe jeder halben Stunde entnommen und in die Tabelle eingetragen. Diese Werte multipliziert mit dem Querschnitt und dem durchschnittlichen spezifischen Gewicht ergibt die durch jede der 3 Öffnungen austretenden Luftmengen in kg.

Der Querschnitt der Abluftöffnungen beträgt je: 1,75 m²; der Tür: 1,81 m². Das spezifische Gewicht der austretenden Luft ist einheitlich mit $\gamma = 1,18$ eingesetzt.

Die eintretende Frischluftmenge ist der Summe der Austrittsmengen gleichgesetzt.

B. Messung der Temperaturen und relativen Feuchtigkeiten.

Zur Bestimmung der Temperatur und relativen Feuchtigkeit der Luft wurden Psychrometer verwendet. Die handelsüblichen Psychrometer konnten dazu nicht gebraucht werden, weil nebeneinander aufgehängte Messer ganz verschiedene Werte anzeigten. Die trockenen Thermometer zeigten Unterschiede bis zu 1,5° C; die Anzeigen der feuchten Thermometer gingen noch weiter auseinander. Die verschiedene Anzeige der feuchten Thermometer liegt neben der Ungenauigkeit des Temperaturmessers, an der mangelhaften Instandhaltung des Saugstrumpfes. Das im Saugstrumpf verdunstende Wasser läßt seine Verunreinigungen im Strumpf zurück, der nach kurzer Zeit verkalkt. So wird neben der verringerten Saugfähigkeit noch ein geringerer Druck des Wasserdampfes über Lösungen angezeigt, als tatsächlich in der Luft vorhanden ist.

Die bei den handelsüblichen Psychrometern fehlende Lüftung des feuchten Thermometers bewirkt, daß dieser eine höhere Temperatur anzeigt, so daß diese Messer eine um 5 bis 10% höhere relative Feuchtigkeit anzeigen als tatsächlich vorhanden ist.

Aus diesem Grunde wurden zur Bestimmung der Temperaturen die früher zur Messung der Saaltemperatur benutzten 0,1° C-Thermometer verwendet, von denen eines mit einem häufig erneuerten Saugstrumpf versehen war. DieUnterschiede der Anzeigen bei Vergleich der 4 Messer betrug nur 0,1 bis 0,2° C.

Diese 4 Messer wurden in einem der Frischluftschächte, in den zwei Absaugöffnungen, und in der Tür aufgehängt. Die Kühlgrenze des

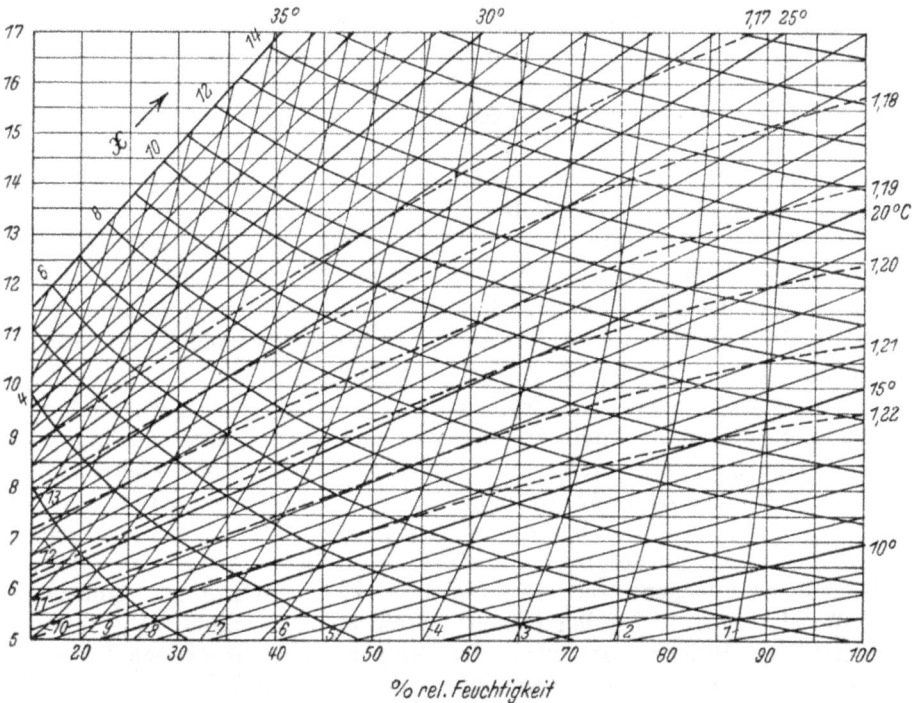

Abb. 39.

feuchten Thermometers wird bei einer Luftgeschwindigkeit von 2,5 bis 3 m/s erreicht, so daß für die Psychrometer an den Meßstellen die Gesetze der Aspirationspsychrometer zur Geltung kommen.

Die Genauigkeit des Endergebnisses der aus einer Reihe von Einzelmessungen zusammengesetzten Untersuchung ist von der Art der Ermittlung beeinflußt. Die gesuchten Größen sind als Differenz zweier wenig voneinander verschiedenen Zahlen gefunden, weshalb die einzelnen Ablesungen in 0,1° C gemacht und die Auswertung ebenfalls mit 0,1° psychrometrischer Differenz vorgenommen werden mußte.

Aus den Ablesungen der trockenen und feuchten Thermometer wurde die relative Feuchtigkeit mittels des Zustandsdiagrammes der Luft nach Marr aus dem Lehrbuch von Rietschel-Brabbée (9) Abb. 39 ermittelt.

Die Ermittlung der relativen Feuchtigkeit der bewegten Luft aus dem Diagramm beruht auf dem Grundsatz, daß bei Abkühlung der Luft auf die Temperatur des feuchten Thermometers mit der freiwerdenden Wärme soviel Wasser verdampft werden kann, als zur Sättigung der Luft auf diese Temperatur fehlt. Der Wärmeinhalt feuchter Luft ist daher gleich dem Wärmeinhalt gesättigter Luft bei der Temperatur des feuchten Thermometers.

Der Vergleich der theoretischen psychrometrischen Werte mit den nach der Sprungschen Psychrometerformel errechneten, welche für gut gelüftete Psychrometer als brauchbar erprobt sind, zeigt, daß der tatsächliche psychrometrische Unterschied um rd. 3% unter dem theoretischen liegt.

Die Linien gleichen psychrometrischen Unterschiedes nach der Sprungschen Formel sind in dem Zustandsdiagramm der Luft (Abb. 39) von Grad zu Grad eingezeichnet. Die Werte sind aus Landolt und Börnsteins Physikalisch-Chemische Tabellen (19) entnommen.

Wegen der guten Lüftung der Psychrometer im ein- und austretenden Luftstrom sind der Auswertung der Ablesungen obige für Aspirationspsychrometer geltenden Werte zugrunde gelegt.

Die abgelesenen Temperaturen während der Messungen sind auf Millimeterpapier, abhängig von der Zeit aufgetragen, und die Angaben jedes Thermometers durch stetige Linien verbunden, wobei kleine durch einzelne Wärmewellen verursachte Schwankungen ausgeglichen wurden (Tafel Abb. 1, 2, 3, 4). Aus diesen Linienzügen sind die Angaben jeder halben Stunde entnommen, die Zustandsgrößen ermittelt und in der Tabelle eingetragen. Zur besseren Übersicht sind die den einzelnen Meßstellen entsprechenden Linien verschieden gezeichnet. Die jeweils höher liegende Kurve entspricht der Temperatur des trockenen Thermometers, die unter dieser liegende der des feuchten Thermometers. Es bezeichnen:

—————t_0 die Außentemperaturen,
—————t_e » Temperatur der in den Saal eintretenden Luft,
—————III »   »   im 3. Saal,
—————V   »   »   im 5. Saal,
— — — — »   »   der durch den südlichen Abluftschacht aus-
                               tretenden Luft,
. . . .   »   »   der durch den nördlichen Abluftschacht aus-
                               tretenden Luft,
— · —   »   »   der durch die Türe austretenden Luft,
— · · — »   »   in Saalmitte.

3. Auswertung der Messungen.

A. Ermittlung der zerstäubten Wassermenge.

Die Befeuchtung der Raumluft wurde durch unmittelbare Befeuchtung mit Wasserzerstäubung mittels Druckluft vorgenommen.

Aus den Ablesungen der Raumtemperatur und der sich daraus ergebenden relativen Feuchtigkeit ist der Wassergehalt der Luft »x« in g Wasser je kg Luft aus dem Zustandsdiagramm der Luft (Abb. 39) entnommen. Durch die Multiplikation des Wassergehaltes in kg Wasser je kg Luft mit den durch den Saal geführten Luftmengen erhält man die durch die Luft in den Raum ein- und abgeführte Wassermenge in kg. Die Differenz der durch die Luft ab- und der durch die Frischluft eingeführten Wassermengen ergibt die durch die Befeuchtungsanlage der Luft zugefügte Wassermenge.

Diese aus der Luftmessung sich ergebende zerstäubte Wassermenge in kg/h (Tafel Abb. 9 bis 12 ausgezogene Linie) ist mit den Angaben eines Wasserzählers verglichen, der in der gemeinsamen Wasserzufuhrleitung zu den Wasserkesseln eingeschaltet war. Die zu verschiedenen Zeiten vorgenommene Ablesung der durchflossenen Wassermenge ist auf den Zeitraum 1 h umgerechnet und dieser Wert durch einen kleinen Kreis im Diagramm festgelegt (Tafel Abb. 9 bis 12). Die zackige Verbindungslinie der einzelnen Meßpunkte ist durch die stoßweise Füllung der Wasserkessel verursacht. Die Anzeigen des Wasserzählers weichen nur wenig von den aus den Luftmessungen sich ergebenden Werten ab. Eine genaue Übereinstimmung ist infolge der rechnerisch nicht erfaßbaren Feuchtigkeitsabgabe der im Saal beschäftigten Personen nicht zu erzielen. Dazu tritt mit steigender Temperaturzunahme auch eine geringe Erhöhung der absoluten Feuchtigkeit der Luft, infolge der durch die Erwärmung der Baumwolle und Wände aus dieser ausgeschiedenen Feuchtigkeit. Umgekehrt tritt bei Temperatursenkung eine geringe Abnahme des Wassergehaltes der Luft durch Wasseraufnahme der Baumwolle ein.

B. Aufstellung der Wärmebilanz für den untersuchten Spinnsaal.

Berechnungsgang.

Die Summe der dem Arbeitssaal zugeführten Wärme muß gleich der abgeführten Wärme sein. Die Wärmebilanz bei konstanter Raumtemperatur lautet:

$$Q_{Ma} + Q_{Me} \pm Q_{TR} + W \cdot i' + H = Q_{La} - Q_{Le}.$$

Die Bezeichnungen bedeuten:

Q_{Ma} kcal die durch die Arbeitsmaschinen freiwerdenden Wärmemengen,

Q_{Me} » die durch die Arbeiter freiwerdenden Wärmemengen,

$\pm Q_{TR}$ kcal die durch die Wände ein- oder austretenden Wärmemengen,

$+ W \cdot i'$ » die durch das Befeuchtungswasser eingeführten Wärmemengen,

$+ H$ » die durch die Heizung eingeführten Wärmemengen,

Q_{La} » » » » Abluft abgeführten Wärmemengen,

Q_{Le} » » » » Lüftung eingeführten Wärmemengen.

In der Gleichung ist der Wert für $W \cdot i'$ gegenüber den anderen Werten verschwindend gering, da in der Regel mit Leitungswasser von 5 bis 10° C gearbeitet wird. Dieser Wert ist gleich der Wassermenge W in kg, multipliziert mit der Flüssigkeitswärme $i' = t \cdot 1$ kcal/kg, wobei t die Temperatur des Wassers bedeutet. Die durch das Befeuchtungswasser eingeführte Wärmemenge wird in der Berechnung daher nicht berücksichtigt.

Da die Messungen nur den Sommerbetrieb umfasssen, so entfällt auch der Wert H, welcher die im Winter durch die Heizung eingeführte Wärme berücksichtigt.

Bei veränderlicher Raumtemperatur müssen noch die in der Raumluft verbleibende oder von dieser abgegebene Wärme, sowie die von den Arbeitsmaschinen aufgenommene bzw. abgegebene Wärme berücksichtigt werden.

Es bedeuten:

$\pm Q_{Ma'}$ kcal die von den Arbeitsmaschinen aufgenommenen bzw. abgegebenen Wärmemengen,

$\pm Q_{L'}$ » die in der Raumluft verbleibende bzw. abgegebene Wärme.

Die Wärmebilanz bei veränderlicher Raumtemperatur unter Berücksichtigung obiger Einschränkungen lautet daher:

$$Q_{Ma} + Q_{Me} \pm Q_{TR} \pm Q_{Ma'} \pm Q_{L'} = Q_{La} - Q_{Le}.$$

Zur Vereinfachung der Rechnung werden diese Wärmemengen durch den Luftinhalt des Raumes in kg dividiert, so daß man die auf 1 kg Saalluft bezogenen Werte erhält.

Die Gleichung lautet dann

$$q_{Ma} + q_{Me} \pm q_{TR} \pm q_{Ma'} \pm q_{L} = i_a - i_e$$

Für die Differenz $i_a - i_e$ ist in der Auswertung der Messung q_L gesetzt worden als Ausdruck der durch die Lüftung abgeführten Wärmemengen, bezogen auf 1 kg Raumluft.

a) Die im Arbeitsraum frei werdenden Wärmemengen.

Werden im untersuchten Arbeitssaal alle Maschinen in Betrieb gehalten, so entwickeln diese, wie im Abschnitt III errechnet, $Q_{Ma} + Q_{Me}$

= 200000 kcal/h. Bezogen auf den Saalluftinhalt erhält man als Höchstwert der Wärmeentwicklung $q_{Ma} + q_{M\epsilon} = 17,2$ kcal/kg/h.

Während der Messungen waren stets einige Maschinen in Ausbesserung, rd. 3 Maschinen wurden gleichzeitig abgezogen. Es sind deshalb in den Berechnungen die Wärmemengen der stehenden Maschinen von dem Höchstwert abgezogen.

Die im Abschnitt III errechnete Wärmeentwicklung der Arbeiter dividiert durch die Anzahl kg Saalluftinhalt, ergibt die von den Arbeitern abgegebene Wärme, bezogen auf 1 kg Saalluft.

Die Summe dieser beiden Wärmemengen $q_{Ma} + q_{M\epsilon}$ ist als Gerade in den Diagrammen Tafel Abb. 13, 14, 15, 16 eingetragen.

Dieser Wert stellt die durchschnittliche Wärmeentwicklung während des.Tages dar. Es ist dabei nicht berücksichtigt, daß beim Anlaufen der Maschinen der Kraftbedarf rd. 20% höher liegt und dieser Mehrbedarf erst nach Erwärmung der Maschinenteile und Schmieröle auf Betriebswärme verschwindet.

b) Wärmeverluste durch die Wände.

Die Wärmeverlustbestimmung ist nach den Angaben von Rietschel vorgenommen. Diese heute fast allgemein übliche Berechnung ergibt bei der Bestimmung des Wärmeverlustes des Spinnereisaales während des Betriebes annähernd richtige Werte.

Zur Bestimmung der Transmissionsverluste ist die Annahme zugrunde gelegt, daß ein Beharrungszustand herrscht; durch die Mauern demnach ein gleichbleibender Wärmedurchgang stattfindet. In Wirklichkeit tritt der Beharrungszustand jedoch niemals ein, sowohl Außen- und Innentemperaturen, als auch die Sonnenstrahlung wechseln im Laufe des Tages. Bei Auftreten von Wärme- und Kältewellen pflegt ihre Dauer mit deren Stärke abzunehmen, so daß infolge des größeren Wärmeaufspeicherungsvermögens der Umfassungsmauern und des Saalinhaltes der Wärmeverlust oder die Wärmeaufnahme sich auf diese Grenzwerte gar nicht einstellt, sondern sich diesen Werten mit Verzögerung nähert.

Die Berechnungsgrößen nach Rietschel-Brabbée sind bekanntlich:

$$F \cdot k \, (t_i - t_0) = \text{kcal}.$$

F Fläche der Begrenzungswand,

k Wärmedurchgangszahl,

$t_i - t_0$ Unterschied der Innen- gegen die Außentemperatur.

Der Wärmeverlust hängt demnach direkt vom Temperaturunterschied ab. Während die Außentemperatur an allen Umfassungswänden gleich ist und daher an beliebiger Stelle im Freien gemessen werden kann, ist bei der Messung der Innentemperatur freie Wahl gelassen, in welchem Abstand von den Fenstern gemessen werden soll. Diese Unsicherheit birgt große Fehlerquellen in sich, weil von der Saalmitte gegen die Begrenzungswände ein Temperaturunterschied bis 6° C auftreten kann, wie aus dem ersten Abschnitt ersichtlich ist. Es sind daher als Innentemperaturen die Mittelwerte aus den Ablufttemperaturen und der in Saalmitte gemessenen eingesetzt.

Um bei der Ermittlung der Wärmeverluste eine einfache Berechnung zu erhalten, sind die Größen mit gleichen Temperaturunterschieden zusammengefaßt. Es sind die Wärmeverluste bei 1° C Temperaturdifferenz für die Außenwände: $\Sigma_a F \cdot k (t_i - t_0)$ und die Wärmeverluste durch Fußboden und Decke mit $2 \Sigma_b \cdot F \cdot k (t_i - \dfrac{t_v + t_{III}}{2})$ errechnet.

Als Außentemperatur bei der Errechnung der Wärmeverluste durch Fußboden und Decke ist die mittlere Temperatur zwischen der Temperatur im darüber liegenden 5. Saal und dem darunter liegenden 3. Saal eingesetzt.

Man erhält die Formel:

$$W = \Sigma_a F \cdot k \cdot (t_i - t_o) + \Sigma_b 2 \cdot F \cdot k \cdot (t_i - \frac{t_v + t_{III}}{2}).$$

Nach dem Leitfaden von Rietschel-Brabbée wurden errechnet:

$$\Sigma_a F \cdot k = 1\,660 \text{ kcal/1}^0 \text{ C,}$$
$$\Sigma_b F \cdot k = 12\,050 \text{ kcal/1}^0 \text{ C.}$$

Um in der Tabelle nur 3- bis 4 stellige Zahlen zu erhalten, sind diese Werte durch 100 dividiert; dementsprechend ist zur Berechnung der auf 1 kg Saalluft bezogenen Wärmemenge die Division durch 100 bei Einsetzen des Rauminhaltes in kg vorgenommen. Um die freistehende Lage des Raumes zu berücksichtigen, sind die errechneten Wärmeverluste durch die Außenwände um 20% erhöht. Durch Division der gesamten Wärmeverluste durch den Rauminhalt in kg sind die auf 1 kg Saalluft bezogenen Werte q_{TR} errechnet und im Diagramm Tafel Abb. 13 bis 16 von der der Wärmeentwicklung entsprechenden Geraden $q_{Ma} + q_{Me}$ nach unten als q_{TR} abgetragen.

c) Die durch die Lüftung abgeführten Wärmemengen.

Aus den Temperaturanzeigen der trockenen und feuchten Thermometer an dem nördlichen und südlichen Abluftschacht sowie an der Türe des Raumes, durch die ein Teil der Luft austrat, ist aus dem Zustandsdiagramm der Luft Abb. 39 der Wärmeinhalt der Luft »i« an den einzelnen Meßstellen ermittelt. Durch Multiplikation der Wärmeinhalte je kg Luft mit den entsprechenden Luftmengen und Division durch den Rauminhalt in kg ist die auf 1 kg Saalluft bezogene Wärmemenge errechnet, welche mit der Luft aus jeder Öffnung entweicht.

Die je kg Frischluft in den Raum eingeführten Wärmemengen sind auf dieselbe Weise ermittelt und bezogen auf 1 kg Saalluft errechnet.

Die Differenz der aus- und eintretenden Wärmemengen ergibt die von der Luft im Raum aufgenommenen und durch die Lüftung abgeführten Wärmemengen, die im Diagramm als q_L eingetragen sind.

d) **Die von den Arbeitsmaschinen aufgenommenen Wärmemengen.**

Wegen der dauernden Temperaturzunahme im Saal müssen die dünnwandigen Maschinen, welche von allen Seiten mit der Saalluft in Berührung stehen, jeder größeren Temperaturschwankung mit geringer Verzögerung folgen.

Die den Eisenmassen zu- oder abgeführte Wärmemenge $Q_{Ma'}$ errechnet sich aus der Formel

$$Q_{Ma'} = G \cdot c \cdot (t_2 - t_1).$$

G = Gewicht des Körpers,
c = spezifische Wärme.

Das Produkt aus $G \cdot c$ wird als Wärmekapazität oder Wasserwert bezeichnet. Man erhält:

$$G \text{ kg} \cdot c \frac{\text{kcal}}{\text{kg} \cdot {}^0\text{C}} = G \cdot c \cdot \frac{\text{kcal}}{{}^0\text{C}}$$

als die Wärmemenge, die der Körper bei einer Temperaturänderung um 1^0 C aufnimmt. Durch Bemessung des Produktes $G \cdot c$ in kg erhält man die Wassermenge, welche hinsichtlich der Wärmeaufnahme den Körper ersetzen kann, den sog. Wasserwert.

Das Gewicht der im Saal aufgestellten Maschinen beträgt:

$$G = \text{rd. } 325\,000 \text{ kg,}$$

die spezifische Wärme für Gußeisen $c = 0,115$ und somit der Wasserwert

$$G \cdot c = 325\,000 \cdot 0,115 = 37\,400 \text{ kg.}$$

Die im Saal vorhandenen Eisenteile, dividiert durch den Raumluftinhalt in kg, ergibt den Wasserwert der Eisenteile, bezogen auf 1 kg Saalluftinhalt

$$\frac{37\,400 \text{ kg}}{11\,640 \text{ kg L}} = 3,21 \text{ kg/kgL.}$$

Bei einer Temperaturänderung von 1^0 C werden somit 3,21 kcal/kgL in die Maschinen eintreten bzw. von den Maschinen an die Luft abgegeben werden.

Die errechneten Werte $q_{Ma'}$ sind im Diagramm (Tafel Abb. 13 bis 16) zu den Lüftungswerten addiert.

Daß diese Größe bei einer genauen Messung nicht vernachlässigt werden darf, zeigen die aus dem Diagramm ersichtlichen beträchtlichen Wärmemengen, welche von den eisernen Maschinenteilen aufgenommen werden.

Ebenso wie von den Maschinen, muß ein Teil der Wärme von den Umfassungsmauern bei Erwärmung der Saalluft aufgenommen oder bei Abkühlung an die Saalluft abgegeben werden. Diese Wärmemengen sind rechnerisch nicht erfaßbar, so daß sie deshalb vernachlässigt werden müssen.

e) Die in der Raumluft verbleibenden Wärmemengen.

Eine dauernd gleichbleibende Lufttemperatur war im Saal nicht zu erreichen. Die durch die Temperaturschwankungen von der Raumluft auf- bzw. abgegebenen Wärmemengen entsprechen den Unterschieden des auf 1 kg Saalluft bezogenen Wärmeinhaltes der zeitlich aufeinanderfolgenden Berechnungen. Diese mit q_L, bezeichneten Wärmemengen sind von den Werten der Wärmeverluste q_{TR} abgezogen bzw. zu diesen Werten addiert.

4. Folgerungen aus der Messung.

Die von der Abszisse und von der obersten Linie aus aufgetragenen Werte q_L und q_{Ma}, bzw. q_{TR} und q_L, müßten theoretisch die Diagrammfläche vollständig schließen. Wie aus den aufgetragenen Meßergebnissen ersichtlich, ist regelmäßig eine durch die vorhergehende Berechnung nicht erfaßte Wärmemenge vorhanden. Die dieser Wärme entsprechende Diagrammfläche ist durch Schraffur hervorgehoben, und zwar ist die von rechts oben nach links unten verlaufende Schraffur eine negative Fläche, die umgekehrte eine positive Fläche.

Am 1. Arbeitstag (Tafel Abb. 13) in der Woche tritt regelmäßig während des ganzen Tages eine negative Fläche auf. Eine Erklärung für diese anfänglich als Meßfehler angesehene offene Fläche gibt die Annahme, daß die während 3 Tagen (Freitag bis Montag) ausgekühlten Gebäudewände während des Betriebes eine größere Wärmemenge aufnehmen, als es dem Beharrungszustand entspricht. Erst am 2. Arbeitstag (Tafel Abb. 14) ist die Durchwärmung des Gebäudes soweit fortgeschritten, daß nur noch die einem angenäherten Dauerzustand entsprechenden Wärmemengen verlorengehen.

In den darauffolgenden zwei Arbeitstagen (Tafel Abb. 15, 16) erscheint nur am Vormittag noch eine negative Fläche und am Nachmittag eine positive Fläche. Die erstere kann durch die Ersetzung der während der Nacht von den Gebäudewänden abgegebene kcal hervorgerufen sein. Am Nachmittag tritt eine positive Fläche auf, welche in den verschiedenen Messungen regelmäßig auftritt, aber in ihrer Größe sehr verschieden groß von 0 bis 2 kcal/kgL erscheint. Der Grund dieser Erscheinung liegt wahrscheinlich in der Art der Berechnung des Wärmedurchganges durch die Wände. Am Vormittag ist der Durchgangskoeffizient der kalten und daher feuchten Wände größer als am Nachmittag. Deshalb müßte einer genauen Berechnung ein veränderlicher Koeffizient zugrunde gelegt werden. Unter dieser Annahme würde am Vormittag ein größeres und am Nachmittag ein kleineres q_{TR} als im Diagramm eingetragen ist, erscheinen und die nicht erfaßbaren Wärmemengen sich auf ein noch kleineres Maß verringern.

Am 4. Arbeitstag (Tafel Abb. 16) ist eine auch während des Nachmittags auftretende negative Lücke zu beobachten. Diese aus der Form der anderen Arbeitstage fallende Erscheinung kann nur damit erklärt werden, daß wegen der am Nachmittag erfolgenden Lohnauszahlung der Kraftverbrauch der Maschinen durch längeren Stillstand sinkt und anderseits durch das häufigere Öffnen von Türen, während der Reinigung der Fabrik, die Genauigkeit der Messungen gelitten hat.

Die Nebeneinanderstellung der Messung des ganztägigen Frischluftbetriebes (Tafel Abb. 14) und der Messung des Überganges von »Umluft« auf Frischluft (Tafel Abb. 15) zeigt, daß ein Unterschied in den Saalluftverhältnissen kaum vorhanden ist. Die erhöhte Wärmeabfuhr durch die Lüftung (q_L) wird fast vollständig durch die infolge Abkühlung der Maschinen freiwerdenden Wärmemengen ($q_{Ma'}$) ausgeglichen. Es ist somit durch Erhöhung der Lüftung während des Tages eine auffallende Temperaturänderung nicht zu erzielen. Zur Feststellung der Wirkung einer Lüftungsanlage darf daher die Beobachtung nicht auf eine kurze Zeit beschränkt bleiben, sondern muß sich mindestens über einen ganzen Tag erstrecken.

Diese vier aus einer großen Reihe von Messungen entnommenen Beispiele zeigen, daß jede Luftbefeuchtungsanlage mit Hilfe der rechnerisch erfaßbaren Größen mit großer Genauigkeit bestimmt werden kann.

VII. Allgemeine Gesichtspunkte für die Berechnung von Luftbefeuchtungs- und Lüftungsanlagen.

Zur Berechnung einer neuen Anlage müssen nachstehende Werte bekannt sein, die im folgenden einzelnen behandelt werden.

1. Die Außenluftverhältnisse.
2. Die Raumluftverhältnisse.
3. Die zu befeuchtenden Räume.
4. Die Wärmequellen im Saal.
5. Die Wärmeverlustquellen des Saales.
6. Die Feuchtigkeitsquellen.
7. Die Feuchtigkeitsverlustquellen.

1. Die Außenluftverhältnisse.

Die Eintragung der Außentemperaturen und relativen Feuchtigkeiten in das Zustandsdiagramm der Luft zeigt, daß sich diese während der Betriebszeit nach einem bestimmten Verlauf ändern.

An wolkenlosen Sommertagen, an welchen auch die Sonnenstrahlung zu berücksichtigen ist, ist der Wärmeinhalt der Außenluft bei Arbeitsbeginn am niedrigsten, durchschnittlich 8 bis 10 kcal/kg Luft mit einer relativen Feuchtigkeit von 95 bis 90% und einer Höchsttemperatur von 12,3 bis 16° C. Gegen 9ʰ erreicht die Außenwärme meistens ihren Höchstwert von 12 kcal/kgL, wobei die Temperatur bis auf 30° C ansteigt und die relative Feuchtigkeit auf 30% sinkt. Bis 15ʰ sinkt der Wärmeinhalt um rd. 1 kcal/kgL bei gleichbleibender Temperatur und weiterem Fallen der relativen Feuchtigkeit um 5 bis 6%. An ausnehmend heißen Tagen, welche im Jahre höchstens an 5 bis 10 Tagen auftreten, erreicht in Mitteleuropa der Wärmeinhalt der Außenluft 14 kcal/kg Luft und Temperaturen von 32° C bei 35% oder sogar 33° C bei 25%. Diese Ausnahmefälle sind, da sie meistens nur einen Tag anhalten und in der Regel durch ein kühlendes Gewitter unterbrochen werden, wodurch diese in der Dauer beschränkt sind, der Berechnung nicht zugrunde zu legen.

Bei wechselnder Bewölkung ist der Verlauf der Kurve verzerrt, diese erscheint treppenförmig oder schrägliegend. An Regentagen steigt der Wärmeinhalt bei nur geringer Veränderung der relativen Feuchtigkeit, so daß die Kurve spitzwinkelig verläuft. Vor Gewitter verändert sich die Außenluft bei fast gleichbleibendem Wärmeinhalt, unter Zunahme der relativen Feuchtigkeit.

Diese unendliche Veränderlichkeit spielt jedoch für die Bemessung der Anlagen keine Rolle, da der Berechnung die ungünstigsten Luftverhältnisse zugrunde gelegt werden müssen, damit sie bei allen zu erwartenden Außenluftverhältnissen die gewünschten Raumluftverhältnisse erreicht.

Der Berechnung für Anlagen in Süddeutschland kann ein Mittelwert aus den Höchstwerten und dem Durchschnittswert während des Hochsommers also 32° C und 30% relativer Feuchtigkeit zugrunde gelegt werden.

Im feuchten Klima Nordwestdeutschlands muß mit einem Wärmeinhalt von rd. 14 kcal/kg Luft und mit einer relativen Feuchtigkeit von 45% gerechnet werden.

Die äußere Begrenzung der Zustandskurven, welche die Luft in Mitteleuropa selten überschreitet, ist im Diagramm Abb. 40 eingetragen. Die Höchstwerte sind gestrichelt. Auffallend ist, daß bei einer Temperatur um 0° C eine relative Feuchtigkeit unter 70% nicht zu beobachten ist, dagegen sinkt bei Temperaturen unter 0° C, insbesondere bei Ostwinden, die relative Feuchtigkeit bedeutend. Die Anlagen müssen daher auch für die kältesten Wintertage berechnet werden. Die Beanspruchung der Anlagen, besonders in den östlichen Provinzen Deutschlands und noch mehr in Polen, ist im Winter häufig höher als im Sommer.

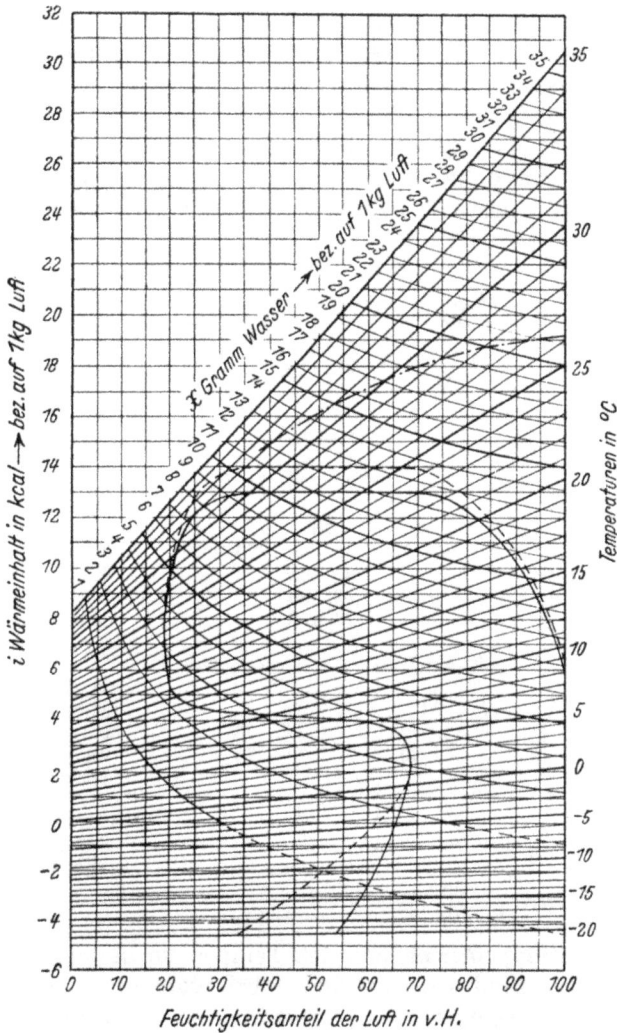

Abb. 40.

2. Die Raumluftverhältnisse.

Alle in der Textilindustrie verarbeiteten Faserstoffe sind hygro-skopisch. Tierische Fasern zeigen eine größere Aufnahmefähigkeit der Feuchtigkeit als pflanzliche. Die für jeden Verarbeitungsvorgang gün-stigste relative Feuchtigkeit wird von fast allen Luftbefeuchtungsfirmen innerhalb kleiner Grenzen gleich angegeben.

Nachstehende Zusammenstellung zeigt die nach verschiedenen Kata-logen und Veröffentlichungen (20,21) heute üblichen relativen Feuchtigkeiten. Diese Werte der relativen Feuchtigkeit sind anscheinend für Messungen mit nicht ventiliertem Psychrometer gültig, da nach verschiedenen Messungen mit Aspirationspsychrometer die tatsächlich vorhandene relative Luftfeuchtigkeit, welche für die Verarbeitung am günstigsten war, bis 5% unter den Werten der Tabelle lagen. Die Tabellenwerte können daher nur als Richtschnur gelten, während die Feststellung der günstigsten Feuchtigkeit jedem Fabrikanten überlassen bleiben muß.

Baumwolle				Jute	
Spinnerei	Nordamerika		Ägypt.	Karderie	70
Karderie	48—50		50—60	Kämmerei	70
Vorspinnerei		60		Spinnerei	70—80
Kämmerei		60—70		Weberei	75
Ringspinnmaschinen	60		65		
Selbstspinner		70—75		Rami	
Winderei und Weiferei		70—75		Karderie	70
Spulerei		70—85		Kämmerei	70
Garnlager		75—85		Spinnerei	75
Weberei				Weberei	80—90
Zettelei		70			
gew. Stühle	65—75		70—80	Schappe	
Nothrop-Stühle		80—85		Karderie	90
Jacquard-Stühle		80—85		Vorbereitung	70
Buntweberei		70—75		Kämmerei	80
				Spinnerei	65
Wolle	Kammgarn		Streichgarn		
Karderie	50		50	Kunstseide	
Kämmerei	80			Sortiererei	65—70
Spinnerei	85—90		75	Haspelei	75—85
Weberei	75—80		70	Zwirnerei	75—85
				Weberei	70—80
Leinen					
Vorbereitung	60—70			Naturseide	
Spinnerei	70—80			Spinnerei	70—80
Weberei				Weberei	75—85
gew. Stühle	80—85				
Jacquard	75—85				

Die Einhaltung einer bestimmten Temperatur in den Arbeitsräumen spielt in der Textilindustrie auf den Arbeitsvorgang selbst eine geringe Rolle, solange die Temperatur zwischen den normalerweise auftretenden Temperaturänderungen von 20 bis 30°C liegt, weil sich die Feuchtigkeitsaufnahme der Faserstoffe bei gleichbleibender relativer Feuchtigkeit wenig verändert (22).

Von großem Einfluß ist dagegen die Raumtemperatur auf die Leistungsfähigkeit der Arbeiterschaft.

Die Temperaturen, welche in den Arbeitsräumen nicht überschritten werden dürfen, sind nur in Holland gesetzlich festgelegt (11). In Ermangelung anderer Vorschriften können diese Höchstwerte auch für deutsche Anlagen als Richtlinie gelten.

Nach den holländischen Gesetzen dürfen in Arbeitsräumen die nachstehend angegebenen Temperaturen, welche im Diagramm Abb. 40

mit einer strichpunktierten Linie verbunden sind, bei den verschiedenen relativen Feuchtigkeitsprozenten nicht überschritten werden.

$\%$ rel. F.	95	85	75	65	55	45
^{0}C		26,5	28	29	30	31	32

Diese Temperaturen dürfen in Räumen, welche mit einer neuzeit-
lichen Lüftungs- und Luftbefeuchtungsanlage versehen sind, nur an
ausnehmend heißen Tagen auftreten. Die Kühlung der Luft in Arbeitsräumen durch Kühlanlagen scheitert an den Kosten, so daß nur
die durch einen entsprechenden Luftwechsel und durch die beim Ver-
dunsten des Wassers erzielte Verdunstungskühlung in Betracht kommt.

Von Einfluß ist auch der Temperaturunterschied der einzelnen
Säle, in welche die Textilgute während der Verarbeitung gelangen. Die
Baumwolle darf in der Spinnerei niemals von kalten Räumen in be-
deutend wärmere und feuchtere gebracht werden, weil sich sonst die
Luftfeuchtigkeit an der Baumwolle niederschlägt. Es soll daher die
Temperatur der Mischräume stets 1 bis 2⁰ C höher sein als im Öffner-
saal, sonst tritt ein Kleben der Baumwolle auf, und man erhält eine
schlechtere Reinigung. Auf der Karde bilden sich Klumpen, auf den
Strecken und Spulern tritt ein Wickeln des Garnes um die Riffelzylinder
auf. Dieser Niederschlag tritt auf, sobald der Wassergehalt des warmen
Raumes so hoch ist, daß er bei der Temperatur des kälteren Raumes
einer relativen Feuchtigkeit der Luft über 100 % entspricht. Es müssen
daher auch die Öffner- und Schlägerräume derart geheizt sein, daß niemals
Temperaturen unter 18⁰ C auftreten. In den Spinnsälen ist eine
Durchschnittstemperatur von 24 bis 26⁰C anzustreben, während in der
Weberei 20 bis 24⁰ C am günstigsten sind.

Der kleinste zulässige Luftwechsel wird in der Lüftungstechnik
nach dem Kohlensäuremaßstab berechnet. Nach den üblichen Bedingungen darf der Kohlensäuregehalt 1,5 vom Tausend nicht überschreiten. Kohlensäurequellen sind nur die Arbeiter, da die Beleuchtung
in der Regel elektrisch ist. Die sich aus einer zulässigen Kohlensäuremenge
1,5 v. T. errechnende notwendige Luftmenge je Arbeiterin und Stunde
kann nach Rietschel zwischen 20 bis 30 m³ angenommen werden. Bei
einer Belegschaft von rd. 100 Arbeiterinnen müssen daher im untersuchten Saal mindestens $100 \cdot 20$ bis $100 \cdot 30 = 2000$ bis 3000 m³/h eingeführt werden. Dieser einzuführenden Mindestluftmenge entspricht im
untersuchten Saal ein stündlicher Luftwechsel von

$$\frac{2000}{10\,240} \text{ bis } \frac{3000}{10\,240} = \text{rd. } 0,2 \text{ bis } 0,3 \text{ fach.}$$

Er ist also derart gering, daß der Kohlensäuregehalt in der Berechnung
vollständig vernachlässigt werden kann.

Von bedeutend größerer Wichtigkeit als der Kohlensäuregehalt ist die
Verschlechterung der Luft durch Gerüche, welche die Arbeitslust verringert.

Die Luft geschlossener Räume verdirbt durch Anreicherung an Kohlensäure, Steigen der Temperatur, Ausscheidung von Wasserdampf und verschiedener Gerüche, namentlich flüchtiger Fettsäuren und durch Beimischung riechender Stoffe, wie Maschinenöl, Riemenfett und dem Geruch faulender Baumwolle. Schlechte Luft bei hohem Feuchtigkeitsgehalt verhindert die Wasserverdunstung der Haut, dadurch die Abkühlung des Körpers und führt zu schlechter, flacher Atmung, wodurch die Arbeitsleistung herabgesetzt wird.

Zur Luftverbesserung wird in der untersuchten Spinnerei der Luft während des Umluftbetriebes neben der Tür 12 (Abb. 4) Ozon zugeführt. Die Herstellung des Ozons erfolgt in einem elektrischen Ozonbildner der Fa. Siemens & Halske. Die in den Arbeitssälen auftretenden üblichen Gerüche von Öl, Fett und Schweiß konnten dadurch merklich beseitigt werden in Übereinstimmung mit den an anderen Orten erzielten Ergebnissen (23).

Eine desinfizierende und sterilisierende Wirkung des Ozons ist durch Versuche auf medizinischem Gebiet nicht nachgewiesen worden, dagegen werden durch Ozon die in jedem Saal auftretenden Gerüche teils beseitigt, teils verdeckt. Diese Gerüche dringen in die Oberflächen der Arbeitsräume und haften in den porösen Körpern, in welche sie mit der Luft eindringen, fest. Die verarbeiteten hygroskopischen Körper nehmen Wasserdampf und damit vielleicht auch darin gelöste gasförmige Gerüche in sich auf. Insbesondere Wolle und Seide ziehen Gerüche an sich, weniger Baumwolle, Leinen und Kunstseide. Durch Erhöhung der Temperatur werden diese Gerüche mit der Feuchtigkeit aus den Körpern herausgetrieben und bilden unangenehme Nachgerüche, welche durch Ozon beseitigt werden können.

Durch Ozonbehandlung verschwindet oft ein Geruch, der aber nach Abstellung des Ozons wieder auftritt, es zerstört daher nicht alle Gerüche, sondern verdeckt sie nur. In genügender Konzentration besitzt aber das Ozon besonders in feuchter Luft die Fähigkeit durch Oxydation einzelner Gerüche, wie von Schwefelwasserstoff und Ammoniak, diese zu zerstören. Zur Zerstörung dieser Gerüche sind Mengen von Ozon nötig, wie sie von den üblichen Apparaten erst nach längerer Betriebszeit geliefert werden können.

Die oft erwähnte Reizung der Schleimhäute tritt in feuchter Luft nicht auf, ebenso die manchmal zu verspürenden Nachwirkungen, wie Kopfschmerz und Abgeschlagenheit, rühren meistens von unreiner Herstellung des Ozons, weshalb die Herstellung auf chemischem Wege zur Lüftung ausgeschlossen ist.

Die Ozonzufuhr soll nur so erfolgen, daß Frischluft ozonisiert und in die Säle eingeführt wird. Die Saalluft selbst zur Ozonbildung zu verwenden, ist nicht ratsam, weil dadurch der Luft der Sauerstoff entzogen und dabei das Mischungsverhältnis gestört wird; es ergibt sich

dadurch keine Besserung, sondern eine Verschlechterung der Luftverhältnisse.

Keinesfalls erlaubt aber die Ozonisation der Luft eine Beschrän-
kung der Lüftung mit Frischluft, sie kann durch Ozon in vorteilhafter
Weise nur unterstützt werden. Bei reinem Umluftbetrieb waren Gerüche im Abluftschacht nach Eintritt in den Saugraum, wo ihr Ozon
beigemischt wird, nicht mehr zu bemerken.

3. Die zu befeuchtenden Räume.

In der Textilindustrie müssen in Verlauf der Verarbeitung der
Faserstoffe alle Räume, begonnen von den mit Strecken und Spulern
besetzten, bis zu den Fertigstellungssälen der Rohware in der Weberei,
mit künstlicher Befeuchtung versehen werden, um der durch die Wärmeentwicklung der Maschinen verursachten Austrocknung der Luft entgegenzuwirken.

4. Die Wärmequellen im Saal.

Der jeweilige Kraftverbrauch des Saales wird vollständig in Wärme
umgesetzt. Der Stillstandsverlust der Maschinen in Spinnereien beträgt
rd. 4%, so daß in der Berechnung 96% des Gesamtkraftverbrauches eingesetzt werden kann. In Webereien ist der durchschnittliche Kraftbedarf je nach der Stuhlart 75 bis 85% des Höchstbedarfes.

Bei direktem Antrieb durch Motore tritt die durch diese erzeugte
Wärmemenge hinzu, welche gleich der Leerlaufarbeit eingesetzt werden kann.

Jeder Arbeiter gibt durchschnittlich 120 kcal/h ab.

5. Die Wärmeverlustquellen des Saales.

Diese berechnen sich auf dieselbe Weise wie für Heizungsanlagen.
Im Hochsommer soll die Saaltemperatur in den Nachmittagsstunden mindestens 2° C unter der Außentemperatur liegen. Nach Beobachtungen von
Dietz (24) kann die Erwärmung durch die Sonnenstrahlung dadurch
berücksichtigt werden, daß an den besonnten Außenflächen mit einer
um 9° C über der Schattentemperatur liegenden Temperatur gerechnet
wird.

Neue Anlagen müssen für die ungünstigsten Außenluftverhältnisse
bemessen werden, welche während der Nachmittagsstunden zwischen
2 und 4 h auftreten. Da um diese Zeit die Temperatur der Außenluft
normalerweise den Höchstwert erreicht hat, bleibt im Saal die zu dieser
Zeit erreichte Raumtemperatur bestehen.

Von den Arbeitsmaschinen und der Raumluft werden so lange Wärmemengen aufgenommen, als die Temperatur im Raum ansteigt.

Es brauchen somit bei der Berechnung neuer Anlagen die bei der Messung gefundenen Werte q_L, und q_{Ma}, nicht berücksichtigt zu werden.

6. Die Feuchtigkeitsquellen.

a) Natürliche Feuchtigkeitsquellen.

Eine natürliche Feuchtigkeitsquelle im Saal sind die Außenwände, welche während der Erwärmung im Laufe des Vormittags ein Teil der Feuchtigkeit an die Saalluft abgeben. Diese Mengen sind jedoch sicherlich so gering, daß sie nicht berücksichtigt zu werden brauchen.

Die anderen Feuchtigkeitsquellen sind die einzelnen Arbeiter. Nach Rietschel, Leitfaden, beträgt die stündliche Feuchtigkeitsabgabe eines Erwachsenen in Räumen mit hoher Feuchtigkeit rd. 80 g/h. Bei einer Belegschaft von rd. 100 Arbeitern werden $\dfrac{100 \cdot 80}{1000} = 8$ kg Wasser je Stunde an die Saalluft abgegeben. Dieser Betrag ist im Verhältnis zu dem notwendigen Feuchtigkeitsbedarf verschwindend gering, so daß er in der Berechnung moderner Textilbetriebe vernachlässigt werden kann.

b) Künstliche Feuchtigkeitsquellen.

Für die Befeuchtung der Raumluft werden drei verschiedene Luftbefeuchtungsarten verwendet.

1. Mittelbare Befeuchtung,
2. unmittelbare Befeuchtung,
3. kombinierte Befeuchtung.

Das kennzeichnende Unterscheidungsmerkmal ist, daß bei der mittelbaren Befeuchtung die relative Feuchtigkeit der Raumluft durch Zumischen von höchstens gesättigter Luft erhöht wird, während bei der unmittelbaren Befeuchtung die Raumluft selbst durch direkte Wassereinführung befeuchtet wird. Die kombinierten Anlagen stellen eine Vereinigung beider dar.

Die Aufteilung des Wassers in feinste Tröpfchen erfolgt bei den heute üblichen Luftbefeuchtern auf 3 verschiedene Arten.

1. Das Wasser wird durch rotierende Ventilatorflügel zerteilt und mittels des durch den Ventilator erzeugten Luftstromes fortgeführt.

2. Das Wasser tritt unter hohem Druck von 12 bis 15 at aus einer Düse aus und wird durch den injektorartig angesaugten Luftstrom weitergetragen.

3. Das Wasser wird durch Druckluft von 0,3 bis 0,5 atü angesaugt, zerblasen und durch den Luftstrom mitgenommen.

Die unter 1 und 2 angeführten Anlagen arbeiten mit Überschuß an Wasser, so daß Auffang- und Rücklaufvorrichtungen eingebaut werden, während bei den Druckluftbefeuchtern das Wasser vollständig von der Luft aufgenommen wird.

Die Mitnahme von Wassertropfen durch die bewegte Luft wird leicht möglich, weil schon geringe Luftbewegungen genügen, um Wasser in Dunstform in Schwebe zu halten. Zur Berechnung der Fallgeschwindigkeit von Wassertropfen wird meistens die Formel von Stokes (25) angewendet, in der die Fallgeschwindigkeit abhängig von der Tropfengröße erscheint. Diese Formel gilt nur so lange, als der Tropfen die darunter liegende Luft beim Fall nicht zusammenpreßt, so daß als Widerstand nur die Reibung angenommen ist. Die Formel für Tropfenhalbmesser von $r = 4 \cdot 10^{-5}$ cm bis 10^{-2} cm lautet:

$$W = - 6\,\pi \cdot \mu \cdot r \cdot v,$$

$W =$ Widerstand der sich gleichförmig bewegenden Kugel,
$r =$ Halbmesser,
$v =$ Fallgeschwindigkeit,
$\mu = 17,3 \cdot 10^{-5}\,\text{cm}^{-1} \cdot g \cdot s^{-1} =$ Koeffizient der inneren Reibung

Ist die Geschwindigkeit gleichförmig geworden, so muß der errechnete Widerstand gleich dem Gewichte des Tropfens werden. Bezeichnet man:

$\gamma_w =$ spezifisches Gewicht des Wassers,
$\gamma_L =$ spezifisches Gewicht der Luft,

so ist das Gewicht gleich $\frac{4}{3}\,r^3 \cdot \pi \cdot g \cdot (\gamma_w - \gamma_L)$.

Durch die Gleichsetzung beider Werte wird die Fallgeschwindigkeit erhalten, wobei das Gewicht das entgegengesetzte Vorzeichen der Geschwindigkeit erhält. Es ist also:

$$6\,\pi \cdot \mu \cdot r \cdot v = \frac{4}{3}\,r^3 \cdot \pi \cdot g \cdot (\gamma_w - \gamma_L).$$

Setzen wir $\gamma_w = 1$ und vernachlässigt man γ_L gegen γ_w, so erhält man die Geschwindigkeit

$$v = \frac{2\,r^2\,g}{9\,\mu} = 1{,}26 \cdot 10^6 \cdot r^2 \ \text{cm/s}.$$

Diese Formel wurde als richtig gefunden für Tropfenhalbmesser zwischen $r = 4 \cdot 10^{-5}$ cm und $r = 10^{-2}$ cm.

Für größere Tropfen, welche die Luft beim Fallen zusammen pressen, wurde folgende Formel von Schmidt empirisch gefunden:

$$v = \frac{10^6}{\dfrac{0{,}787}{r^2} + \dfrac{503}{\sqrt{r}}}$$

Daraus errechnet sich folgende Tabelle:

d mm	0,01	0,02	0,1	0,2	0,4	1,0	2,0
v m/s							
berechnet	0,00316	0,0125	0,258	0,775	1,79	3,84	5,99
gemessen					1,80	4,26	5,83

d mm	3,0	3,5
v m/s		
berechnet	7,53	8,14
gemessen	6,91	7,40

Für Tropfen über 1,75 mm weicht die gemessene Fallgeschwindigkeit von den rechnerischen Werten ab, bei Tropfen über 3,5 mm tritt ein Zerstäuben des Tropfens ein, bevor der Schwebezustand erreicht ist. Fallendes Wasser kann also niemals eine größere Fallgeschwindigkeit erreichen als 8 m/s, ebenso ist ein mit dieser Geschwindigkeit aufsteigender Luftstrom imstande, das Befeuchtungswasser zu zerblasen und in Schwebe zu halten.

Die Geschwindigkeit der Wasseraufnahme der Frischluft ist direkt abhängig vom Sättigungsdefizit und damit abhängig von der Psychrometrischen Differenz.

Bezeichnet man mit V die Verdunstungsmenge und mit t die Zeit, so ist

$$\frac{d\,V}{d\,t} = c\,(p_s - p)$$

oder

$$\frac{d\,V}{d\,t} = c'\,(t_{tr} - t_f)$$

wobei t_{tr} die Temperatur des trockenen und t_f die des feuchten Thermometers des Psychrometers bedeuten, c und c' sind Verhältniszahlen, deren Größe noch nicht klar ermittelt wurden.

Die oberste Grenze der durch Verdunstung praktisch erreichbaren relativen Feuchtigkeit beträgt rd. 95%, weil bei noch geringerem Sättigungsdefizit die Verdampfungsgeschwindigkeit so gering ist, daß bei den üblichen Befeuchtungsapparaten der Frischluft nicht die Zeit zur weiteren Wasseraufnahme gegeben wird.

Die Abhängigkeit von der Luftgeschwindigkeit, dem wichtigsten Faktor, ist in ihrem gesetzmäßigen Zusammenhang nicht ganz geklärt, doch scheint sie, nach Versuchen, mit der Quadratwurzel der Geschwindigkeit zuzunehmen. Rechnerisch verwertbare Messungen sind bis jetzt nicht bekannt, so daß nur die gegenseitige Abhängigkeit einen Vergleich ziehen läßt. Diese Meßergebnisse wurden bei Verdunstungsversuchen in offenen Bechern erhalten, wobei die Form des Gefäßes und der Abstand des Wasserspiegels vom Gefäßrand die Verdunstungsgeschwindigkeit beeinflußte, so daß nur die oben angeführten Ergebnisse für die Verdunstung von ebenen Flächen als richtig gefunden wurden.

Die Verdunstung findet statt, solange der Dampfteildruck kleiner und der Gesamtdruck größer ist als der Sättigungsdruck bei derselben Temperatur. Es findet somit nur eine oberflächliche und keine von innen heraus erfolgende Verdampfung statt, weil das Flüssigkeitsinnere unter dem Gesamtdruck steht. Die Verdunstungsgeschwindigkeit hängt somit auch von dem Erreichen der größten Oberfläche bei kleinstem Volumen, also von einer möglichst feinen Zerstäubung ab.

Bei der Beimischung von zerstäubtem Wasser an Luft ist ein Verdampfungsverzug und eine Übersättigung möglich. Diese Übersättigung ist von großer Bedeutung für die Beurteilung der Wasseraufnahme der Luft, weil der Höchstdampfdruck über gekrümmten Flächen größer ist als der auf die ebene Wasseroberfläche bezogene Sättigungsdruck, so daß die Wassertröpfchen stets mit einem einer gewissen Übersättigung entsprechenden Dampfdruck im Gleichgewicht sein können. Jeder Tropfen besitzt infolge seiner Oberflächenspannung ein Arbeitsvermögen, welches gleich der Oberfläche mal einer konstanten Größe, der Kapillaritätskonstanten, ist (25).

Diese durch die Oberflächenspannung verursachte potentielle Energie wird um so größer, je größer der Tropfen ist. Soll also ein Tropfen durch Verdampfung verkleinert werden, so braucht nicht die ganze zur Verdampfung nötige Arbeit geleistet zu werden, sondern ein Teil wird durch Verringerung der potentiellen Energie geleistet. Weil die zur Verdampfung nötige Arbeit um so geringer ist, je kleiner der Tropfen ist, so wird ein stark gekrümmter Tropfen schon unter Bedingungen verdampfen, unter denen ein größerer noch in Gleichgewicht gehalten ist. Es genügt daher, um ein Gleichgewicht zwischen Verdampfung und Sättigung zu erhalten, nicht die einfache Sättigung bezogen auf eine ebene Wasserfläche, sondern es muß nach Thomson ein Überdruck des Wasserdampfes herrschen.

Der Einfluß der elektrischen Ladung wurde von Thomson (25) untersucht, wobei er zu dem Ergebnis kam, daß durch die elektrische Ladung das Arbeitsvermögen des Tropfens verändert wird. Verändert sich die Größe des Tropfens, wird z. B. der Tropfen kleiner, so muß bei gleichbleibender elektrischer Ladung die potentielle Energie wachsen. Zum Verdampfen eines geladenen Tropfens ist daher mehr Arbeit zu leisten als für einen ungeladenen. Hieraus schließt Thomson, daß die elektrische Ladung die Gleichgewichtsdampfspannung für den Tropfen verringert, so daß von zwei Wassertropfen gleicher Größe der elektrisch geladene mit einem Dampfdruck noch im Gleichgewicht ist, bei dem der ungeladene bereits verdampfen müßte.

Die elektrische Ladung erhält der durch Zerstäuben erhaltene Wasserdunst infolge der nach der Lenard-Theorie eintretenden positiven Elektrisierung der Tropfen und äquivalenten negativen Elektrisierung der umgebenden Luft während der Zerstäubung.

Diese physikalisch nachgewiesene Erscheinung beruht auf der Annahme (26), daß jeder Tropfen von einer äußersten negativen Schicht und einer darunter liegenden positiven umgeben ist. Um den Tropfen zu laden, muß die äußerste negative Schicht entfernt werden. Beim Zerblasen durch einen Luftstrom verliert der Tropfen nach G. Hochschwender seine Kugelform; er wird von unten hutartig ausgehöhlt und unten von einem dickeren Wasserring zusammengehalten. Durch Messung wurde gefunden, daß die kleinsten Tröpfchen, welche sich aus der Blase bildeten und die der äußersten Molekülschicht entstammen, negativ, der Wasserrest positiv elektrisch ist. Es muß also der feinste Wasserdunst negativ geladen sein, während der gröbere positiv geladen ist.

Ebenso wie die elektrische Ladung bewirken die im Wasser gelösten Salze eine Erniedrigung des Dampfdruckes.

Diese verschiedenen Einflüsse scheinen die Ursache zu sein, daß durch die in Textilfabriken üblichen Befeuchtungsanlagen eine relative Feuchtigkeit der Luft über 95% nicht ohne Tropfenbildung erreicht werden kann.

7. Die Feuchtigkeitsverlustquellen.

Die an die Umfassungswände abgegebenen Feuchtigkeitsmengen sind rechnerisch nicht leicht erfaßbar, scheinen jedoch derart gering zu sein, daß sie vernachlässigt werden können. Die Wassermenge, welche stündlich von dem den Saal durchlaufenden Arbeitsgut aufgenommen wird, richtet sich nach der Faserart und der Faserfeuchtigkeit bei Einbringung in den Raum. Der untersuchte Saal hatte eine stündliche Produktionsmenge von rd. 255 kg. Das Vorgarn kam aus dem Spulersaal mit einer Luftfeuchtigkeit von rd. 50%. Der Wassergehalt der Baumwolle bei 50% Luftfeuchtigkeit beträgt nach Untersuchungen von E. Müller (22) 6,9% des Trockengewichtes der Baumwolle. Das den Ringspinnmaschinensaal verlassende Gut besitzt bei einer Luftfeuchtigkeit von 65% rd. 8,2% des Trockengewichtes an Wasser. Die Wasseraufnahme beträgt: 8,2 — 6,9 = 1,3% oder 3,32 kg Wasser je Stunde. Dieser Wert ist derart gering, daß er bei der Berechnung vernachlässigt werden kann.

VIII. Berechnung von Luftbefeuchtungs- und Lüftungsanlage.

1. Berechnung einer Luftbefeuchtungs- und Lüftungsanlage für einen Ringspinnmaschinensaal in einem Hochbau.

Im folgenden ist als Beispiel der Berechnung einer neu auszuführenden lufttechnischen Anlage nach der durch die Messungen gefundenen Berechnungsart, diese für den untersuchten Saal durchgeführt.

a) Luftinhalt und Wärmeentwicklung.

Der Rauminhalt des Saales beträgt: 10240 m³.
Das spezifische Gewicht der Luft ist mit 1,135 kg/m³ eingesetzt.
Der Rauminhalt in kg gemessen: 11640 kg Luft.
Die Wärmeentwicklung im Saal setzt sich bei gleichbleibender Innentemperatur zusammen aus
Wärmeentwicklung durch die Maschinen: Q_{Ma}
297,4 PS · 632 kcal/PS · 0,96 = ... 180060 kcal/h
4% Stillstandsverluste
Wärmeentwicklung durch die Arbeiter: Q_{Me}
100 Arb. 120 kcal/Arb./h = ... 12000 kcal/h
gesamte Wärmeentwicklung bezogen

$$\text{auf 1 kg Luft:}\quad q_{Ma} + q_{Me} = \frac{192060}{11640} = 16,5 \text{ kcal/kg L.}$$

Der Berechnung sind als ungünstigste Außenluftverhältnisse eine Temperatur von 32° C und eine relative Feuchtigkeit von 30% zugrunde gelegt. Aus dem Zustandsdiagramm der Luft ergibt sich ein Wärmeinhalt der Außenluft $i_0 = 13$ kcal/kg L und ein Wassergehalt $x_0 = 8,8$ g/kg L.

Im Inneren des Saales sollen 65% relative Feuchtigkeit dauernd aufrecht erhalten werden.

b) Wärmedurchgangsberechnung.

Die Berechnung der Transmissionsverluste Q_{TR} erfolgt nach den Regeln der Wärmeverlustberechnung. Um die bei verschiedenen Temperaturunterschieden vorhandenen Transmissionsverluste zu erhalten, genügt es, die Berechnung für 2 oder 3 Werte zu errechnen und die Zwischenwerte durch graphische Interpolation zu ermitteln. In Abb. 41 sind die auf 1 kg Saalluft bezogenen Werte (q_{TR}) abhängig von der entsprechenden Raumtemperatur eingetragen. In der Berechnung

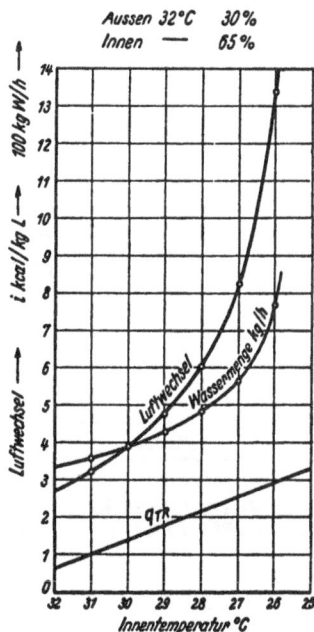

Abb. 41.

ist zur Berücksichtigung der Sonnenbestrahlung an den besonnten Flächen mit einem Zuschlag von 9° C zu den Temperaturunterschieden im Schatten gerechnet.

Für vorliegenden Saal erhält man q_{TR}:

Temperaturunterschied °C	0	1	2	3	4	5	6
Eintretende Wärmemenge kcal/kgL	0,62	1,0	1,4	1,76	2,18	2,55	2,98

Kastner, Luftbefeuchtung.   5

c) Berechnung des Luftwechsels.

Der notwendige Luftwechsel (LW) errechnet sich für alle Abkühlungsverhältnisse nach der Formel

$$LW = \frac{q_{Ma} + q_{Me} \pm q_{TR}}{i_i - i_o}$$

Außenluft: 32^0 C; 30%; $i_0 = 13$ kcal/kg; $q_{Ma} + q_{Me} = 16,5$ kcal/kg L.

Innentemperatur ^{0}C	32	31	30	29	28	27	26
i_i	19,45	18,42	17,6	16,8	16,1	15,3	14,45
$i_i - i_o$	6,45	5,42	4,6	3,8	3,1	2,3	1,45
q_{TR}	0,62	1,0	1,4	1,76	2,18	2,55	2,95
$q_{Ma} + q_{Me} \pm q_{TR}$	17,12	17,5	17,9	18,26	18,68	19,05	19,45
Luftwechsel (LW)	2,655	3,23	3,89	4,82	6,03	8,28	13,4

d) Wasserbedarf.

Die zur Einhaltung einer relativen Feuchtigkeit von 65% notwendige Wassermenge in kg/h errechnet sich nach der Formel:

$$W/h = \frac{LW \cdot SL \,(x_i - x_o)}{1000}$$

$LW = $ Luftwechsel,
$SL = $ Saalinhalt in kg Luft,
$x_i = $ Wassergehalt je kg Luft im Raum,
$x_o = $ Wassergehalt je kg Luft im Freien.

Für verschiedene Innentemperaturen erhält man:

Innentemperatur	32	31	30	29	28	27	26
x_i bei $65^0/_0$	19,5	18,3	17,4	16,5	15,5	14,7	13,75
$x_i - x_o$ ($x_o = 8,8$ g/kg$L$	10,7	9,5	8,6	7,7	6,7	5,9	4,95
Wasserbedarf kg/h . . .	331	357	390	430	485	569	772,5

e) Der vorzusehende Luftwechsel.

Die zur Erreichung bestimmter Abkühlungsverhältnisse notwendige Größe des Luftwechsels und die entsprechenden Wassermengen sind in Abb. 41 abhängig von der Innentemperatur eingezeichnet. Die Wahl der vorzusehenden Abkühlung der Raumluft gegenüber der Außenluft hat sich außer nach hygienischen Gesichtspunkten nach dem zulässigen Kraftbedarf für die lufttechnische Anlage zu richten. Für diese Anlage wäre eine Abkühlung unter 28^0 C entsprechend einem 6,3 fachen Frischluftwechsel unzweckmäßig, weil der zur weiteren Abkühlung notwendige Kraftbedarf in keinem Verhältnis zu der erzielten Abkühlung stünde.

2. Berechnung einer Luftbefeuchtungs- und Lüftungsanlage für die Weberei.

Als Beweis, daß die aus den Messungen gefundene Berechnung für Anlagen in verschiedenen Räumen der Textilindustrie richtige Werte ergibt, ist eine Anlage für unmittelbare Luftbefeuchtung für eine Weberei in einem Shedbau errechnet und die Übereinstimmung zwischen dem

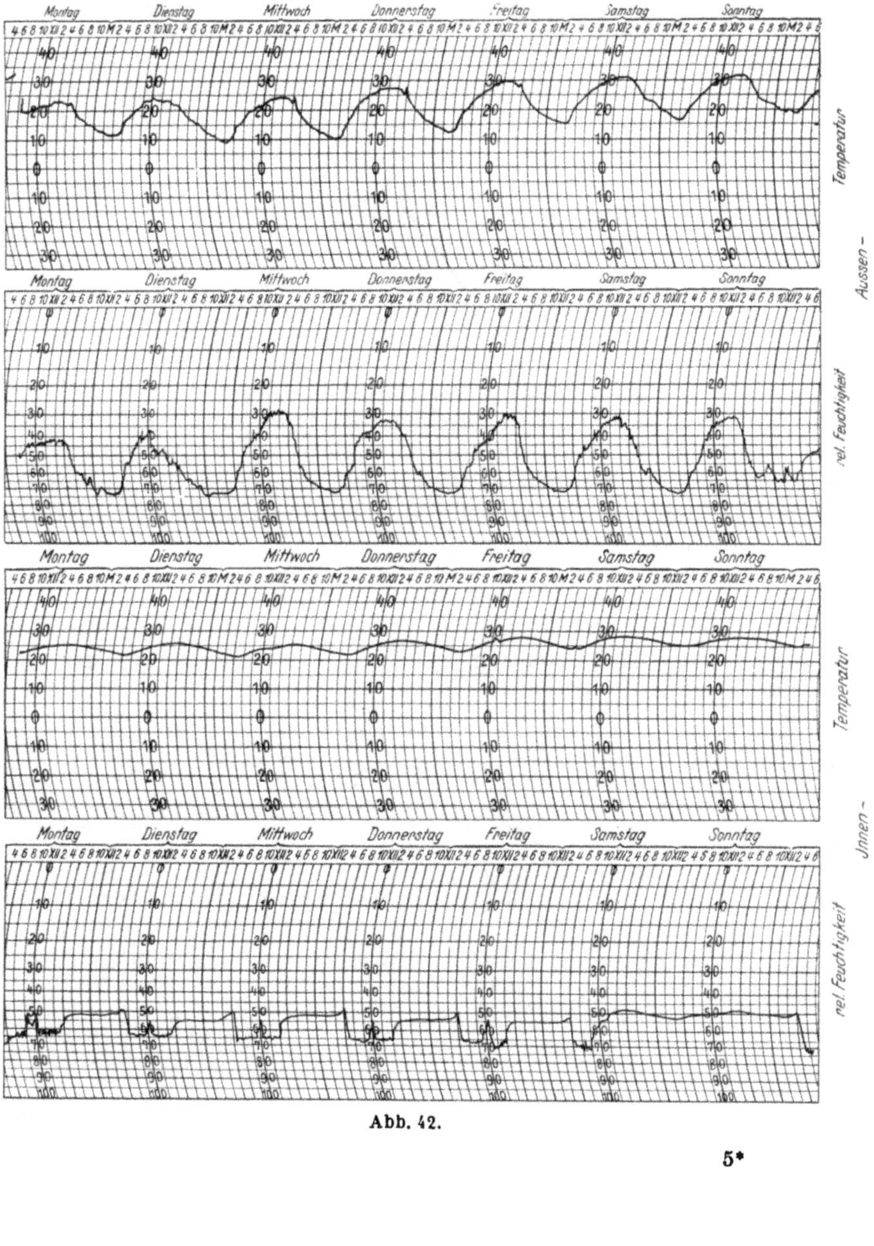

Abb. 42.

Berechnungsergebnis und den tatsächlich erhaltenen Luftverhältnissen gezeigt.

Die Messung der Temperatur und Feuchtigkeit im Saal und im Freien wurde durch je ein Schreib-Hygro-Thermometer vorgenommen. Beide Messer wurden nach den Angaben eines Aspirationspsychrometers eingestellt. Der zur Messung der Außenluft verwendete Messer wurde an der Nordseite des Gebäudes im Schatten aufgestellt, der zweite Messer für die Raumluftverhältnisse wurde im Inneren des Saales an einer Säule in Kopfhöhe befestigt. Die Aufschreibungen beider Messer zeigen Abb. 42.

Während der Arbeitszeit am Freitag Nachmittag 4^h trat die höchste Außentemperatur mit 30° C bei einer relativen Feuchtigkeit von 30% auf. Am Donnerstag Nachmittag stieg die Temperatur um 3^h auf 27,5° C bei einer relativen Feuchtigkeit von 33%. Für diese beiden Außenluftverhältnisse ist die Berechnung durchgeführt.

A. Berechnung für eine Temperatur im Freien von 30° C und einer relativen Feuchtigkeit von 30°.

a) Luftinhalt und Wärmeentwicklung.

Der Luftinhalt des Raumes SL beträgt 16 250 m³ · 1,16 = 19 900 kg L. Die Wärmeentwicklung der Maschinen ist errechnet zu 124 500 kcal/h, bezogen auf 1 kg Luftinhalt des Raumes: $q_{Ma} = 6{,}26$ kcal/kg L, die Wärmeabgabe der Arbeiter 11 305 kcal/h, bezogen auf 1 kg Luftinhalt: $q_{Me} = 0{,}57$ kcal/kg L. Die gesamte Wärmeentwicklung im Saal beträgt: $q_{Ma} + q_{Me} = 6{,}83$ kcal/kg L.

b) Wärmedurchgangsberechnung.

Diese ist nach den Regeln der Transmissionsberechnung vorgenommen. Die Gebäudeausführung ist aus der Berechnung zu erkennen.

Innentemp. $= t_i$	Außentemp. $= t_o$	Himmelsrichtung	$t_i - t_o$	Zuschlag $= t_z$	Art		Stärke cm	Koeffizient $= k$	Fläche m²	$k (t_i - t_o + t_z)$	kcal eintretend	kcal austretend
29	30	Ost	1	—	A. Tür	Holz	3,0	6,7	3		20	
29	30	,,	1	—	A. Wand	40	1,2	332	1,2		399	
29	30	Süd	1	9	A. ,,	40	1,2	235	12		2 840	
29	30	,,	1	9	Dach		1,3	2 320	13		30 200	
29	30	Nord	1	4,5	,,		1,3	455	7,15		3 250	
29	30	,,	1	4,5	Oberlicht		2,4	775	13,2		10 200	
29	30	,,	1	—	I. Wand	Glas	5	235	5		1 175	
29	20		9	—	Fußboden		1,4	2 740	12,6			34 600
										+ 48 084		34 600
										− 34 600		

In den Raum eintretend: 13 484 kcal/h

Bezogen auf 1 kg Luft $q_{TR} = 0,678$ kcal/kg L.

Für 3^0 C Temperaturunterschied errechnet sich

$$q_{TR} = 1,81 \text{ kcal/kg L}.$$

Für 6^0 C Temperaturunterschied errechnet sich

$$q_{TR} = 3,495 \text{ kcal/kg L}.$$

In der Berechnung ist zur Berücksichtigung der Sonnenbestrahlung für die besonnte Südseite des Gebäudes, sowie für das besonnte Dach mit einem um 9^0 C höheren Temperaturunterschied als der Schattentemperatur entspricht, gerechnet. Die gegen Norden liegenden Oberlichter, sowie die entsprechenden Dachteile sind mit einem $4,5^0$ C höheren Temperaturunterschied gerechnet, um die Rückstrahlung der Wärme von den besonderen Dachflächen zu berücksichtigen. Als Temperatur des Erdbodens sind 20^0 C angenommen (27).

In Abb. 43 ist die Summe aus der Wärmeentwicklung im Saal und der durch die Wände eintretenden Wärmemengen: $q_{Ma} + q_{Me} + q_{TR}$ eingezeichnet. Zwischenwerte für die nachfolgende Berechnung sind aus dem Diagramm entnommen.

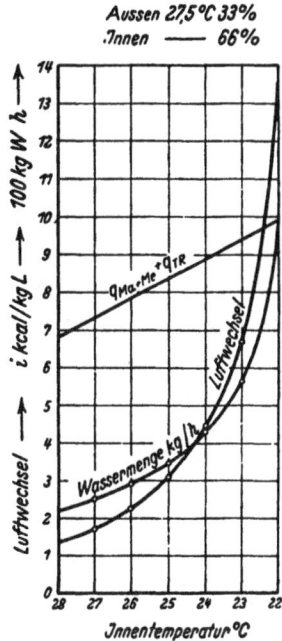

Abb. 43.

c) Luftwechsel.

Die Berechnung des zur Erzielung einer bestimmten Raumtemperatur notwendigen Luftwechsels ist nach den in der Berechnung des untersuchten Spinnsaals angegebenen Formeln vorgenommen.

$$LW = \frac{q_{Ma} + q_{Me} \pm q_{TR}}{i_i - i_o}$$

Außenluft 30^0 C; 30%; $i_o = 12$ kcal/kg L.; $x_o = 8$ g/kg L.

Innentemperatur	30	29	28	27	26	25	24
$q_{Ma} + q_{Me} + q_{TR}$	7,05	7,51	8,1	8,64	9,15	9,67	10,19
i_i	18,1	17,3	16,4	15,7	14,8	14	13,35
$i_i - i_o$	6,1	5,3	4,4	3,7	2,8	2	1,35
Luftwechsel (LW) ...	1,155	1,415	1,84	2,335	3,27	4,83	7,55

Die erhaltenen Werte sind im Diagramm Abb. 43 eingetragen. Im Saal wurde ein 2,44 facher stündlicher Luftwechsel gemessen. Die Frischluft trat aus einem Blechrohr in Höhe der Dachbinder nahe der Nordwand aus und wurde an der Südseite in 1,5 m Höhe abgesaugt.

d) Wasserbedarf.

$$W/h = \frac{LW \cdot SL \, (x_i - x_o)}{1000}$$

Innentemperatur	30	29	28	27	26	25	24
x_i	18,1	17,3	16,2	15,4	14,4	13,5	12,8
$x_i - x_o$	10,1	9,3	8,2	7,4	6,4	5,5	4,8
Wasserbedarf kg/h . . .	232	262	300	344	416	529	721

Die stündlich notwendigen Wassermengen sind im Diagramm Abb. 43 eingezeichnet.

e) Vergleich der Werte aus der Berechnung mit den erzielten Luftverhältnissen.

Aus der Berechnung erhält man bei einem 2,44fachen Frischluftwechsel eine Raumtemperatur von 26,85°C. Der Temperaturschreiber Abb. 42 zeigte eine Temperatur von 27°C an. Die Übereinstimmung zwischen der Berechnung und den erhaltenen Ergebnissen ist somit bis auf Bruchteile eines Grades erwiesen.

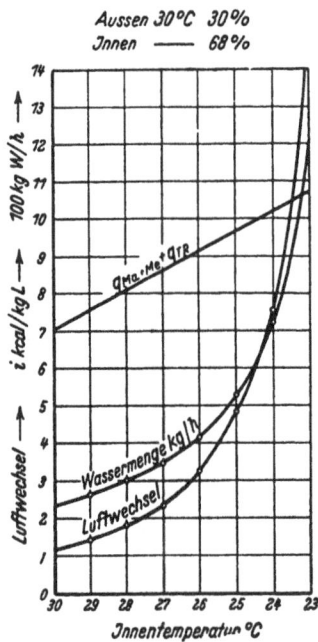

Aussen 30°C 30%
Jnnen —— 68%

Abb. 44.

Der zur Erhaltung einer relativen Feuchtigkeit von 68% notwendige Wasserbedarf ergibt sich aus der Berechnung zu 368 kg/h.

B. Berechnung für eine Temperatur im Freien von 27,5° C und einer relativen Feuchtigkeit von 33%.

a) Luftinhalt und Wärmeentwicklung.

Diese sind dieselben wie im vorhergehenden Kapitel A · a errechnet.

b) Wärmedurchgangsberechnung.

Diese sind dieselben wie im vorhergehenden Kapitel A · b errechnet. Die daraus entnommenen Werte q_{TR} sind für die entsprechenden Raumtemperaturen, vermehrt um den konstanten Wert der Wärmeentwicklung im Saal $q_{Ma} + q_{Me}$, in Abb. 44 eingetragen.

c) Luftwechsel.

Außenluft 27,5° C; 33%; $i_0 = 11,1$ kcal/kg L; $x_0 = 7,5$ g/kg L.

Innentemperatur °C	28	27	26	25	24	23	22
i_i	16,1	15,4	14,6	13,8	13,15	12,5	11,8
$i_i - i_0$	5	4,3	3,5	2,7	2,05	1,4	0,7
$q_{Ma} + q_{Me} + q_{TR}$	6,8	7,32	7,85	8,37	8,9	9,4	9,92
Luftwechsel *(LW)* . . .	1,36	1,7	2,24	3,095	4,43	6,71	14,15

d) Wasserbedarf.

Innentemperatur °C	28	27	26	25	24	23	22
x_i	15,7	14,9	14	13.1	12,4	11,7	11
$x_i - x_0$	8,2	7,4	6,5	5,6	4,9	4,2	3,5
Wasserbedarf kg/h . . .	222	250	290	345	433	561	985

e) Vergleich der Werte aus der Berechnung mit den erzielten Luftverhältnissen.

Der für verschiedene Abkühlungsverhältnisse notwendige Luft-wechsel, sowie die entsprechenden Wassermengen sind in Abb. 44 eingezeichnet. Bei dem vorhandenen 2,44 fachen Frischluftwechsel er-hält man eine Abkühlung der Raumtemperatur auf 25,75° C. Der Tem-peraturschreiber im Saal Abb. 42 zeigte um 3^h nachmittags eine Tem-peratur von 26° C an. Der Unterschied beträgt wiederum nur Bruch-teile eines Temperaturgrades.

Die notwendige Wassermenge bei dem vorhandenen 2,44 fachen Frischluftwechsel beträgt nach der Rechnung 300 kg/h.

IX. Vergleich verschiedener Anlagen.

Die Befeuchtung der Raumluft wird auf drei verschiedene Arten vorgenommen:

1. **Unmittelbare Befeuchtung.** Bei dieser wird der Saalluft selbst die zur Erzielung der verlangten relativen Feuchtigkeit notwendige Wassermenge zugefügt.

2. **Mittelbare Befeuchtung.** Der Feuchtigkeitsgehalt der Saalluft wird durch Zumischen befeuchteter Frischluft oder Saalluft auf die gewünschte Höhe gebracht.

3. **Kombinierte mittelbare und unmittelbare Befeuch-tung.** Diese stellt in ihrer Wirkungsweise die Verbindung der unter 1 und 2 genannten Anlagen dar.

1. Unmittelbare Befeuchtungsanlagen.

Diese werden jetzt als Druckwasser oder Druckluftbefeuchtungs-anlagen ausgeführt.

Die Druckwasserbefeuchter arbeiten mit Überschuß an Wasser, so daß Rücklaufleitungen notwendig sind. Der aus diesen Befeuchtern austretende Wasserdunst besitzt eine geringe Geschwindigkeit, wodurch die Luft in der Nähe derselben übersättigt wird und infolge der starken Abkühlung nach abwärts sinkt, so daß die darunter stehenden Maschinen leicht der Gefahr des Rostens ausgesetzt sind. Aus diesem Grunde werden solche Apparate jetzt immer seltener eingebaut.

Die Druckluftbefeuchter werden mit Druckluft betrieben. Das Wasser wird angesaugt und durch den Luftstrom zerblasen. In der Ausführung unterscheiden sich die Zerstäuber verschiedener Firmen nur in der gegenseitigen Lage der Luft- und Wasserdüse. Diese liegen entweder ineinander, so daß das austretende Wasser durch den Luftstrom in der Austrittsrichtung des Wassers weitergetragen wird, oder Luft und Wasserdüse liegen getrennt und unter einem bestimmten Winkel gegeneinander geneigt.

Der Nachteil, der bei Einzelzerstäubern auftritt, daß die übersättigte, feuchte Luft infolge ihrer Schwere nach unten fällt, wodurch Kopf und Schulter der Arbeiterinnen von der kalten Luft getroffen werden, kann durch richtige Bemessung der Luft und Wassermenge auf ein Mindestmaß beschränkt bleiben. Durch den im Sommer notwendigen erhöhten Luftwechsel wird die abgekühlte Luft rasch verteilt und dieser Nachteil vollständig vermieden.

Die Anzahl der einzubauenden Zerstäuber ergibt sich aus der bei Höchstbeanspruchung der Anlage zu zerstäubenden Wassermenge und der Leistung eines einzelnen Zerstäubers.

2. Mittelbare Befeuchtungsanlagen.

Diese Anlagen mit Befeuchtung und Waschung der Luft in gesonderten Kanälen und Kammern werden nur noch für Räume verwendet, in denen keine große Wärmeentwicklung stattfindet.

Mittelbare Anlagen, welche im Saal selbst verlegt sind, werden jetzt in zwei Ausführungsformen gebaut.

a) Die Anlagen bestehen aus dicken, unter der Decke verlegten Blechrohren. In der Wurzel dieser Rohre sind eine Reihe Zerstäuber eingebaut, welche Wasser unter einem Druck von 12 bis 15 at in das Rohr spritzen, wodurch Luft von außen oder bei Umluftbetrieb durch eine zweite Öffnung aus dem Raum gesaugt und in das Rohr getrieben wird. Durch die innige Mischung des Wassers mit der Luft nimmt letztere Wasser auf, wobei sich die Luft abgekühlt. Aus einem Längsschlitz auf der Unterseite des Rohres tritt die Luft aus und wird durch eine unter dem Rohr aufgehängte Rinne, welche das überschüssige Wasser aufnimmt und zurückleitet, seitlich abgelenkt. Für den Winterbetrieb ist neben dem Blechrohr ein Schraubenradlüfter und ein Lufterhitzer vorgesehen, welcher erwärmte Frisch- oder Saalluft durch einen Krümmer in das Lüftungsrohr treibt.

b) Die Anlagen bestehen ebenfalls aus längeren oder kürzeren Blechrohren, aus denen die Luft durch seitliche Stutzen oder Öffnungen austritt. Das Zerstäuben des Wassers wird dadurch vorgenommen, daß der zur Bewegung der Luft dienende Ventilator in dieses eintaucht und

es zu Tropfen zerschlägt, oder das Wasser wird auf den Ventilatorflügel oder auf ein Verteilrad geleitet, der es zerteilt.

Bei diesen Anlagen wird die Luft vor dem Eintritt in den Saal
bis zur höchst erreichbaren relativen Feuchtigkeit befeuchtet. Die
Außenluft kann bei einem bestimmten Wärmeinhalt nur die bis zu
einer relativen Feuchtigkeit von rd. 95% fehlende Wassermenge bei
gleichbleibendem Wärmeinhalt aufnehmen. Um eine relative Feuchtigkeit von 65% im Saale zu erhalten, muß der Luftwechsel so hoch gehalten werden, daß der Wassergehalt der auf 95% befeuchteten Frischluft gleich dem der Saalluft ist. Bei einem Wärmeinhalt der Außenluft
von $i_0 = 13$ kcal/kg L ergibt sich ein Wassergehalt von $x_0 = 13{,}75$ g/kg L
bei 95% relativer Feuchtigkeit. Zur Erreichung einer 65% relativen
Feuchtigkeit im Saal darf der Wärmeinhalt der Luft bei gleichbleibendem Wassergehalt bis auf $i_i = 14{,}45$ kcal/kgL ansteigen, die entsprechende
Temperatur t_i im Saal beträgt 26° C.

Für einen Temperaturunterschied von 6° C entsprechend einer
Außentemperatur von 32° C und einer Raumtemperatur von 26° C ergibt sich für das angezogene Beispiel aus dem Diagramm Abb. 41 für
$q_{Ma} + q_{Me} + q_{TR}$ ein Wert von 19,45 kcal/kg L. Da jedes kg Luft
nur $i_i — i_0 = 14{,}45 — 13{,}0 = 1{,}45$ kcal/kgL aufnehmen kann, so ist ein
$$\frac{19{,}45}{1{,}45} = 13{,}4 \,\text{facher Frischluftwechsel notwendig.}$$

Zur Vermeidung dieses großen Luftwechsels, welcher bei niedrigerem
Wärmeinhalt der Außenluft eine zu starke Abkühlung der Saalluft bewirkt, und zur Erhöhung des Wärmeinhaltes der eintretenden Luft
muß diese entweder erwärmt oder mit Saalluft vermischt werden. Die
erstere Ausführung ist unwirtschaftlich, weshalb nur die Zugabe von
Umluft vorgenommen wird. Der Wärmeinhalt der gemischten Luft ergibt sich aus der Bedingung, daß der Wassergehalt der eingeführten
Luft bei 95% gleich dem der Saalluft bei 65% relativer Feuchtigkeit
ist. Die Raumtemperatur soll 29° C betragen.

Um die im Saal entwickelte und von außen eintretende Wärme
abzuführen, muß derselbe Frischluftwechsel für die Abkühlung um 3° C,
wie er sich aus der allgemeinen Berechnung ergibt, eingehalten werden.
Dieser stündliche Frischluftwechsel wird aus dem Diagramm Abb. 41
zu 4,82 fach abgelesen.

Die Saalluft von 29° C und 65% relativer Feuchtigkeit besitzt einen
Wassergehalt von $x_i = 16{,}5$ g/kg L. Diesen Wassergehalt muß auch die
einzuführende Luft bei einer relativen Feuchtigkeit von 95% besitzen,
da bei der mittelbaren Anlage kein Wasserdunst in den Saal eintreten
darf. Der Wärmeinhalt der Eintrittsluft ergibt sich aus dem Diagramm
Abb. 39 zu $i_e = 15{,}3$ kcal/kg L.

Aus der Mischungsgleichung für Gase errechnet sich die Umluft-menge.

$$i_e = \frac{i_i\, L_i + i_o\, L_o}{L_i + L_o}$$

es bedeuten

$L_i =$ kg Saalluft (Umluft),
$L_0 =$ kg Frischluft.

Diese Gleichung mit einer Unbekannten ergibt umgeformt die Um-luftmenge in kg.

$$L_i = \frac{i_e - i_o}{i_i - i_e}\, L_o = \frac{15,3 - 13}{16,8 - 15,3} \cdot 4,82 = 7,39 \text{ kg.}$$

Es muß ein stündlicher 7,39 facher Umluftbetrieb neben dem 4,82 fachen Frischluftbetrieb aufrechterhalten werden. Die gesamte Luftbewegung beträgt stündlich das $7,39 + 4,82 = 12,27$ fache des Saalinhaltes.

Wie daraus ersichtlich, bringt bei mittelbaren Anlagen die Bei-mischung von Umluft zur Frischluftmenge keine merkliche Verringerung des Gesamtluftwechsels mit sich.

Um die relative Feuchtigkeit von 65% mit geringerem Luftwechsel zu erzielen, muß die Befeuchtungsanlage stärker beansprucht werden, so daß Wassertröpfchen durch die Luft in den Saal getragen werden; dadurch arbeitet die Anlage als kombinierte mittelbare und unmittel-bare Anlage.

3. Kombinierte mittelbare und unmittelbare Anlage.

Diese unterscheiden sich in Anlagen, welche mit Frisch- und Um-luft arbeiten und in solche, welche mit Frischluft allein arbeiten.

A. Mit Frisch- und Umluft arbeitende Anlage.

Neben dem unter den mittelbaren Anlagen angeführten Systemen werden auch Anlagen gebaut, welche dieselbe Arbeitsweise besitzen, jedoch ohne Luftverteilrohr ausgeführt werden. Zur Abscheidung größerer Tropfen ist vor der Austrittsöffnung der Luft in den Saal ein Rost eingebaut.

Über die Größe der ohne Tropfenfall zulässigen örtlichen Über-sättigung der Luft sind keine Versuche bekannt. Die kombinierten An-lagen für Ringspinnmaschinensäle werden in der Regel für einen 8 fachen Gesamtluftwechsel ausgeführt. Die bei diesem Luftwechsel in Form von Wassertröpfchen in den Saal zu führende Wassermenge je kg Luft ist nachstehend errechnet.

Zur Entfernung der Wärmemengen muß derselbe Frischluftwechsel aufrecht erhalten werden. (Im Rechnungsbeispiel ein 4,82 facher.) Die Umluftmenge beträgt die Differenz der Gesamtluftmenge und der not-wendigen Frischluftmenge, somit das $8 - 4,82 = 3,18$ fache des Saalinhaltes. Der Wärmeinhalt der bei diesem Mischungsverhältnis auf 95% relativer Feuchtigkeit befeuchteten Luft errechnet sich zu

$$i_e = \frac{i_i \cdot L_i + i_o \cdot L_o}{L_i + L_o} = \frac{16,8 \cdot 3,18 + 13 \cdot 4,82}{8} = 14,52 \text{ kcal/kg L.}$$

Der Wassergehalt bei $i_e = 14,52$ kcal/kg L und 95% relativer Feuchtigkeit beträgt $x_e = 15,5$ g/kg L. Durch die mittelbare Befeuchtung nimmt die Luft im Befeuchtungsapparat eine Wassermenge von $x_e - x_0 = 15,5 - 8,8 = 6,7$ g/kgL auf. In Form von Wassertropfen müssen rechnerisch noch $x_i - x_e = 16,5 - 15,5 = 1,0$ g/kgL als Anteil der unmittelbaren Befeuchtung in den Saal treten. Der Temperaturunterschied der auf 95% relativer Feuchtigkeit befeuchteten Luft mit einem Wassergehalt von $x = 15,5$ g/kgL und derselben Luft mit $x = 16,5$ g/kg L beträgt $22,8 - 21,75 = 1,05^0$ C. Da anzunehmen ist, daß die Luft im Lüftungsrohr sich von der Wurzel bis zum Ende desselben um mehr als $1,05^0$ C erwärmt, so braucht nur aus dem ersten Teil des Rohres Wasser in Dunstform auszutreten. Dieser Wasserdunst wird sogleich nach Austritt aus dem Rohr infolge der Erwärmung der Luft vollständig aufgenommen werden, so daß keine Tropfen in der Saalluft selbst vorkommen. Die genaue Prüfung der Wirkungsweise solcher Anlagen ist durch direkte Messung mit großen Schwierigkeiten verbunden, weil der Luftstrom beim Austritt aus den Rohren einen großen Querschnitt besitzt, über dem Temperatur und Wassergehalt verschieden verteilt sind. Die evtl. mechanisch mitgerissenen Wassertröpfchen befeuchten das Thermometer, so daß durch die Psychrometerwirkung eine zu tiefe Temperatur und ein zu hoher Wassergehalt der austretenden Luft gemessen wird. Messungen sind nur durch die Aufstellung der Wärme- und Wasserbilanz möglich. Bis heute sind solche Versuche noch nicht bekannt geworden. Von Nachteil ist nur die große Dimensionierung der Lüftungsrohre, welche viel Licht wegnehmen, und der notwendige Umluftbetrieb, wodurch der mitgeführte Staub der Umluft sich im Inneren der nassen Rohre niederschlägt.

B. Mit Frischluft allein arbeitende Anlage.

a) Befeuchtung der Frischluft allein.

Wird durch die kombinierte Anlage nur Frischluft in den Saal geführt, so reichert sich diese im Apparat mit Wasser an bis zu einer relativen Feuchtigkeit von 95%. Der Wassergehalt erhöht sich von $x_0 = 8,8$ g/kgL auf $x_e = 13,75$ g/kgL. Die Luft kühlt sich auf $19,8^0$ C ab. Der Unterschied bis zum verlangten Wassergehalt im Saal von $x_i = 16,5$ g/kgL beträgt $x_i - x_e = 16,5 - 13,75 = 2,75$ g/kgL, welche Wassermenge je kg Luft in Dunstform in den Saal gebracht werden muß.

Die bei niedrigeren Außentemperaturen verhältnismäßig großen Wassermengen, welche in Dunstform in den Saal gebracht werden müssen, bedingen eine große Anzahl nebeneinander liegender Rohre, aus welchen die Luft mit großer Austrittsgeschwindigkeit in den Saal geblasen werden muß, um den Wasserdunst gleichmäßig zu verteilen, ohne daß die darunter stehenden Maschinen anrosten.

Aus diesem Grunde werden solche Anlagen nicht ausgeführt, sondern die Feuchtigkeitszugabe wird auf die Frischluft und die Saalluft verteilt.

    b) Befeuchtung der Frischluft und Saalluft.

Die Frischluft wird befeuchtet und tritt mit 95% relativer Feuchtigkeit in den Saal ein. Durch die Vorbefeuchtung nimmt sie im Rechnungsbeispiel $x_e - x_0 = 13{,}75 - 8{,}8 = 4{,}95$ g/kg L auf. Die zur Erzielung der geforderten 65% relativen Feuchtigkeit im Saal noch fehlende Wassermenge wird der Saalluft durch Zerstäuber beigefügt. Die durch die Zerstäuber zuzuführende Wassermenge beträgt $x_i - x_e = 16{,}5 - 13{,}75 = 2{,}75$ g/kg L. Bei einer einzuführenden Luftmenge von $4{,}82 \cdot 11\,640 = 56\,100$ kg L/h müssen in der Stunde

$$\frac{56\,100 \cdot 2{,}75}{1000} = 154 \text{ kg Wasser zerstäubt werden.}$$

Durch diese Anlagen wird das Verschmutzen der Blechrohre durch die von der Umluft mitgeführten Staubmengen vermieden und durch Verringerung des Luftwechsels die Abmessungen der Rohre bzw. mittelbaren Befeuchtungsapparate klein gehalten.

X. Zusammenfassung.

Es wird die in einem Ringspinnmaschinensaal eines Hochbaues auftretende Temperaturverteilung untersucht. Die zur Vergleichmäßigung der Temperatur möglichen Vorkehrungen werden besprochen.

Die im untersuchten Saal auftretenden Luftverhältnisse werden untersucht und daraus die für den Entwurf neuer Anlagen erforderliche Berechnung abgeleitet. Diese ist für den untersuchten Saal, sowie für einen Websaal, der nach der gefundenen Berechnungsart befeuchtet wurde, ausgeführt und die Übereinstimmung der Berechnung mit Messungen im Saal nachgewiesen.

Die Wirkungsweise verschiedener Luftbefeuchtungssysteme sind miteinander verglichen und der Nachweis erbracht, daß die durch alle jetzt üblichen Luftbefeuchtungs- und Lüftungsanlagen erzielbare Abkühlung der Arbeitsräume nur um einige Grade Celsius unter die Außentemperatur möglich ist.

Eine weitere Abkühlung kann nur durch besondere Luftführung erzielt werden. Diese Luftführung müßte so vorgenommen werden, daß die Linie der mittleren Temperatur nicht mehr in 2 m Höhe, sondern tiefer herabverlegt wird. Diese Erniedrigung der Temperatur in Höhe des sich bildenden Garnes kann nur dadurch erzielt werden, daß die durch die Spindelreibung freiwerdende Wärme aus dem Saal geführt wird, bevor sie sich mit der darüber liegenden Luft vermischt.

In den Arbeitsräumen ist im Hochsommer der Luftwechsel so groß zu halten, daß in ihnen durch diesen und durch die Befeuchtung eine niedrigere Temperatur als im Freien erreicht wird. Es erfolgt dabei durch die Befeuchtung ein Schwererwerden der Luft, welche nach unten zu sinken versucht. Diesem Herabsinken der Feuchtigkeit auf das Garn muß um die Luftbefeuchtung wirksam zu gestalten, durch die Verteilung der Luftzu- und Abfuhröffnungen Rechnung getragen werden.

Wird die Luft unten eingeführt, so wird sie erwärmt und dadurch trockener, bevor sie in die Höhe des sich bildenden Garnes gelangt. Wird dagegen die Luft oben ein- und unten abgeführt, so steht zu erwarten, daß ein großer Teil der Wärme, mit der nach unten sinkenden befeuchteten Luft aus dem Saal entfernt wird und nicht mehr in die Höhe des sich bildenden Garnes gelangt. Diese Anordnung der Luftöffnungen ist noch wegen der Vermeidung von Staubaufwirbelungen vorzuziehen.

Welche Wärmemenge durch diese Luftführung abgeführt werden kann, bevor sie zur Erwärmung der Saalluft beiträgt, ist bis heute nicht festgestellt worden. Messungen zur Feststellung dieses Wertes sind in Aussicht genommen, sobald sich dem Verfasser Gelegenheit dazu bietet.

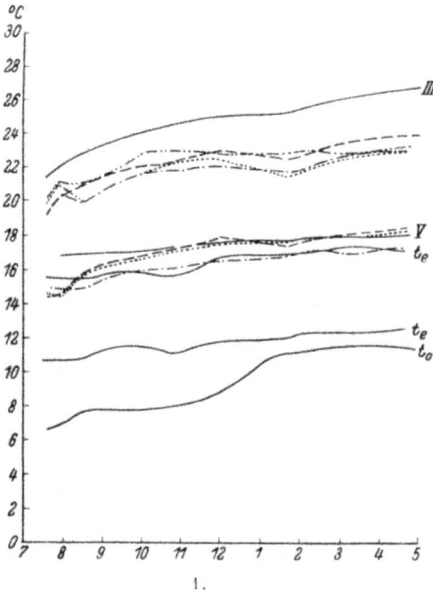

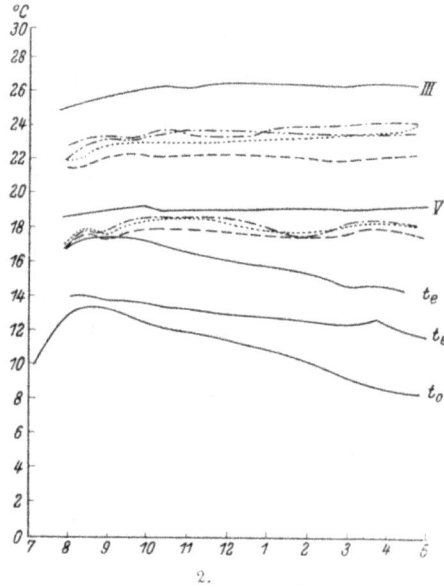

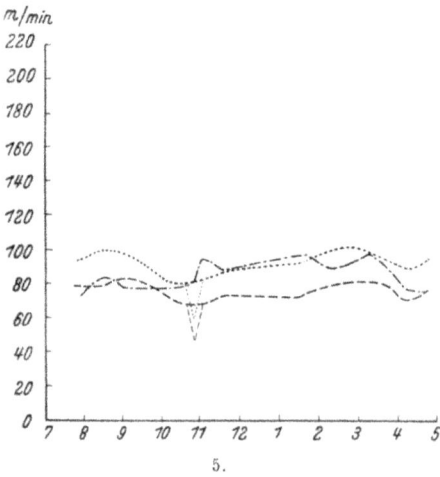

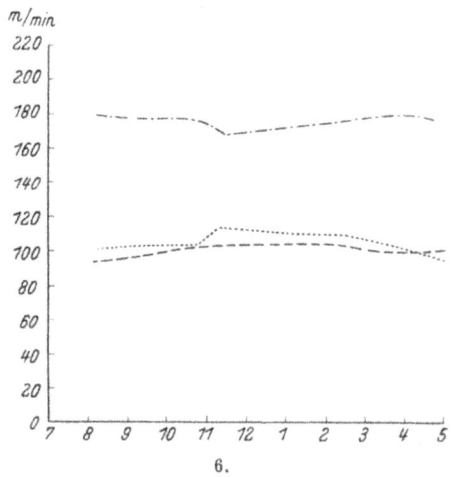

Abb. 45 a.

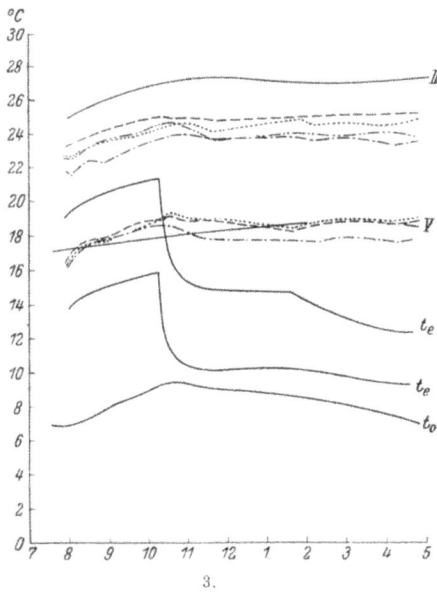

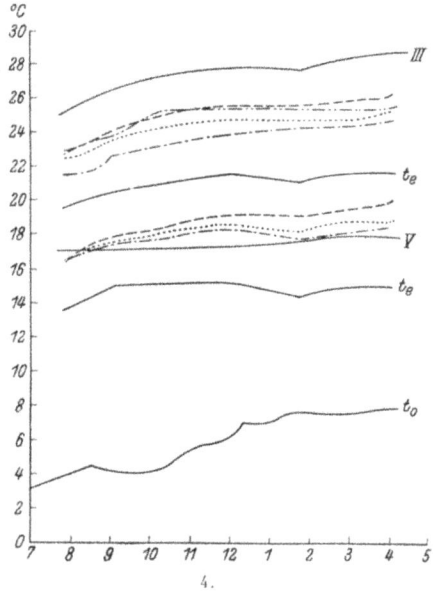

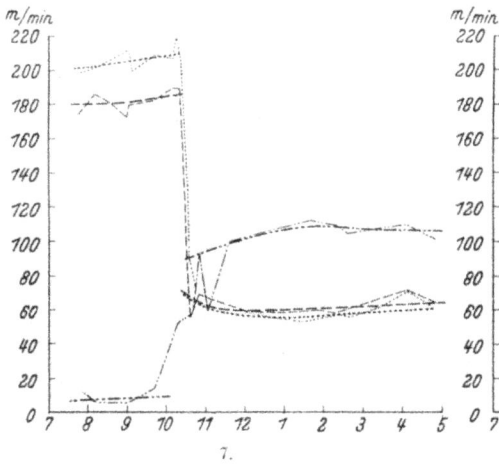

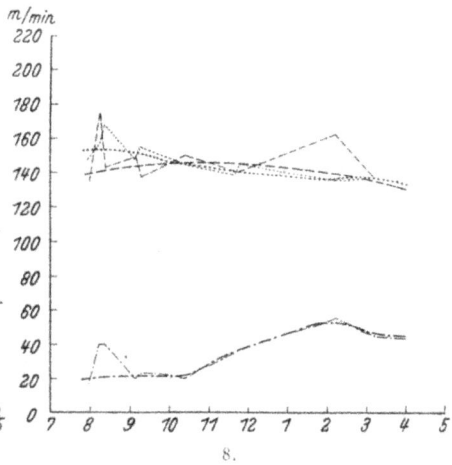

Abb. 45 b.

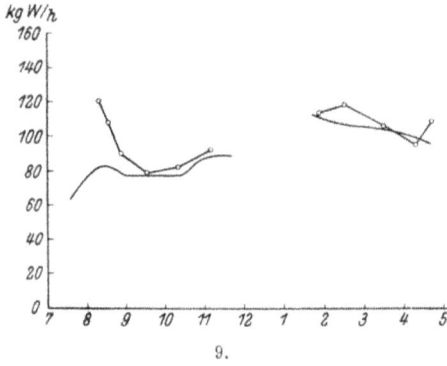

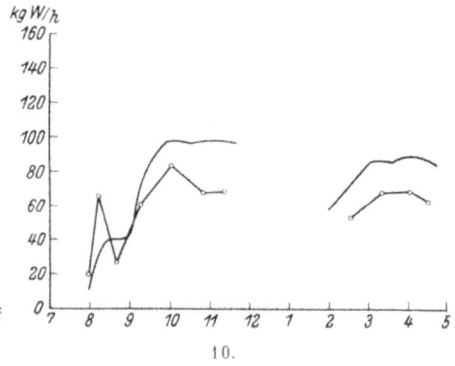

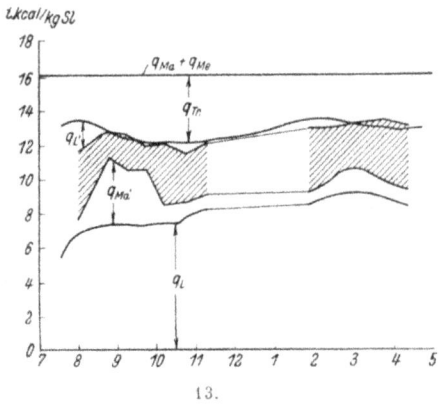

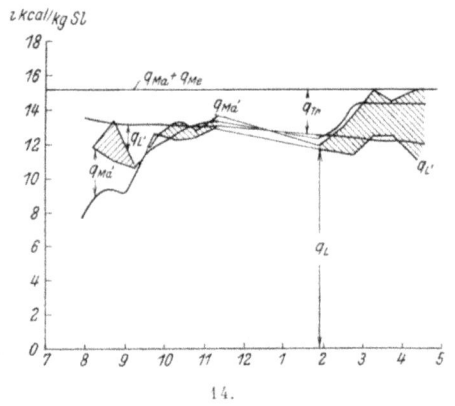

Abb. 45 c.

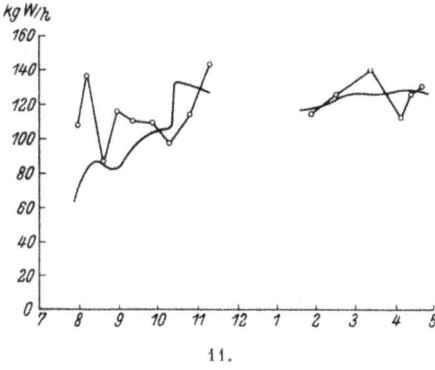

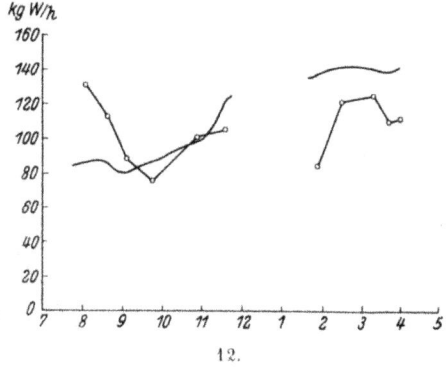

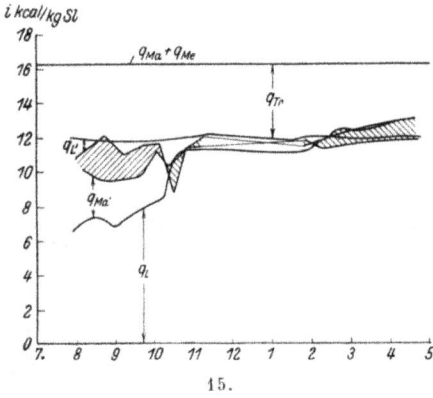

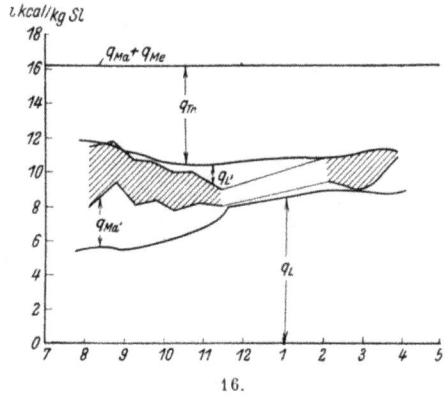

11.

12.

15.

16.

Abb. 45 d.

1. Arbeitstag.

Zeit	7^{35}	8^{20}	9^{00}	9^{20}	10^{00}	10^{30}	11^{00}	11^{40}	1^{40}	2^{20}	3^{00}	3^{30}	4^{00}	4^{30}
Frisch-Luft.														
t_{tr} °C	15,5	15,4	15,6	15,8	15,8	15,6	15,6	16,2	16,8	17	17,2	17,3	17,3	17,2
t_f °C	10,8	10,7	11,2	11,4	11,4	11,2	11,2	11,6	11,9	12,2	12,3	12,3	12,3	12,5
$t_{tr} - t_f$ °C	4,8	4,7	4,4	4,4	4,4	4,4	4,4	4,6	4,9	4,8	4,9	5,0	5,0	4,7
% rel. F.	55	55,5	58,1	58,5	58,5	58,1	58,1	57,5	56	56,7	56,1	55,5	55,5	58
i_e	7,3	7,3	7,56	7,69	7,63	7,56	7,56	7,8	8,0	8,15	8,2	8,2	8,2	8,4
x_e	6,11	6,15	6,53	6,63	6,63	6,53	6,53	6,7	6,75	7	7	6,95	6,95	7,2
Nord-Abluft.														
t_{tr} °C	19,8	19,9	20,6	21,1	21,5	21,9	22,2	22,4	21,4	22	22,35	22,55	22,7	22,85
t_f °C	14,6	15,6	16	16,3	16,6	16,85	17,1	17,3	17,5	17,8	17,9	17,9	18	18,2
$t_{tr} - t_f$ °C	5,2	4,3	4,6	4,8	4,9	5,05	5,1	5,1	3,9	4,2	4,55	4,65	4,7	4,65
% rel. F.	57	63,5	62	61	61	60	60	60,2	68	66	64	63,2	63,1	63,7
i_a	9,61	10,22	10,53	10,75	10,91	11,1	11,29	11,4	11,6	11,8	11,75	11,81	11,95	12,11
x_a	8,22	9,18	9,4	9,51	9,7	9,8	10	10,15	10,9	11	10,8	10,8	10,95	11,15
Süd-Abluft.														
t_{tr} °C	19,0	20,8	21,3	21,7	22	22,15	22,4	22,8	22,4	23	23,3	23,6	23,65	23,85
t_f °C	14,5	15,8	16,2	16,55	16,8	17,0	17,2	17,6	17,4	17,8	18	18,1	18,2	18,4
$t_{tr} - t_f$ °C	4,5	5,0	5,1	5,15	5,2	5,15	5,2	5,2	5,0	5,2	5,3	5,5	5,45	5,45
% rel. F.	61,5	59,5	59	59	59	59,8	59,5	60	61	60	59,7	58,7	59	59,3
i_a	9,6	10,4	10,65	10,91	11,1	11,21	11,35	11,69	11,5	11,8	11,96	12,05	12,11	12,3
x_a	8,47	9,12	9,3	9,57	9,75	9,9	10	10,4	10,26	10,6	10,7	10,75	10,85	11,05
Tür-Abluft.														
t_{tr} °C	19,9	19,9	20,5	21,1	21,6	21,7	21,8	22	21,6	22,15	22,55	22,7	22,85	22,85
t_f °C	14,9	14,9	15,35	15,7	15,95	16	16,1	16,4	16,7	17	17	16,95	17,1	17,3
$t_{tr} - t_f$ °C	5,0	5,0	5,15	5,4	5,65	5,7	5,7	5,6	4,9	5,15	5,55	5,75	5,75	5,55
% rel. F.	58,5	59,5	58	57	55,5	55,5	55,7	56,5	61	59,6	57,2	56,2	56,5	57,5
i_a	9,8	9,8	10,15	10,34	10,5	10,52	10,61	10,81	11	11,2	11,2	11,21	11,39	11,45
x_a	8,47	8,47	8,8	8,9	9,0	9,0	9,1	9,31	9,8	9,85	9,73	9,67	9,84	10,0
Luftgeschwindigkeit m/min														
Nord-Abluft	93	99	97	92	82	80	82	87	93	100	100	96	90	94
Süd-Abluft	79	79	82	81	75	68	68	68	74	80	81	80	73	76
Tür-Abluft	70	84	78	78	78	78	94	85	97	90	94	93	82	74
Luftmengen 100 kg L/min														
Nord-Abluft	100,5	107,0	105,0	99,5	88,6	86,5	88,6	94	100,5	108,0	108,0	103,5	97,2	101,5
Süd-Abluft	85,5	85,5	88,6	87,5	81,0	73,5	73,5	73,5	80,0	86,5	87,5	86,5	79,0	82,0
Tür-Abluft	89,7	107,5	100,0	100,0	100,0	100,0	120,0	109,0	124,0	115,0	120,0	119,0	105,0	95,0
Summe	275,7	300,0	293,6	287,0	269,6	260,0	282,1	276,5	304,5	309,5	315,5	309,0	281,2	278.5

Wärmemengen

Nord-Abluft	9,67	10,95	11,07	10,7	9,67	9,6	10,00	10,71	11,65	12,75	12,7	12,24	11,6	12,3
Süd-Abluft	8,2	8,9	9,45	9,56	9,0	8,24	8,34	8,59	9,2	9,65	10,3	10,42	9,58	10,1
Tür-Abluft	8,8	10,54	10,15	10,34	10,5	10,52	12,75	11,8	13,65	13,45	13,60	13,36	11,95	10,88
Summe	26,67	30,39	30,67	30,60	29,17	28,36	31,09	31,10	34,50	35,85	36,60	36,02	33,13	33,28
Frischluft	20,1	21,9	22,13	22,2	20,66	19,65	21,31	21,6	24,4	25,85	25,8	25,3	23,0	23,4
Q_L 10000 kcal/h	6,57	8,49	8,54	8,40	8,51	8,71	9,78	9,5	10,1	10,65	10,8	10,72	10,13	9,88
q_L kcal/kg L	5,63	7,28	7,33	7,22	7,31	7,48	8,4	8,16	8,68	9,15	9,28	9,22	8,70	8,48
q_L' kcal/kg L	1,65	0,05	−0,11	0,09	0,17	0,92	0,24	0,47	0,13	—	−0,06	0,52	—	−0,22

Wassermengen l/h

Nord-Abluft	82,7	98,2	98,7	94,6	86	84,7	88,6	95,5	109,8	119	116,8	112,0	106,3	113,1
Süd-Abluft	72,5	78,0	82,4	83,7	7,9	72,8	73,5	76,5	82,1	91,7	93,7	93,0	85,7	90,7
Tür-Abluft	76,0	91,0	88,0	89,0	90	90,0	109,1	101,5	121,4	113,1	116,8	115,0	103,2	95
Summe	231,2	267,2	269,1	267,3	255	247,5	271,2	273,5	313,3	323,8	327,3	320,0	295,2	298,8
Frischluft	168,0	184,2	191,5	190	178,2	170	184,1	185,1	198,8	216,2	220,5	214,5	195,0	200,5
Wassermenge l/h	63,2	83,0	77,6	77,3	76,8	77,5	87,1	88,4	114,5	107,6	106,8	105,5	100,2	98,3

Maschinen-Erwärmung.

Mitte °C	20,2	21	21,5	22,1	22,8	22,9	22,9	22,9	22,8	22,9	22,7	22,8	23	23,2
Summe °C	79,0	81,6	83,9	86,0	87,9	88,65	89,3	90,1	88,2	90,05	90,9	91,65	92,2	92,75
Durchnittl. Temp. °C	19,7	20,4	21,0	21,5	22,0	22,16	22,3	22,5	22,05	22,5	22,7	22,91	23,05	23,19
Zeit-Differenz	55	30	30	30	30	30	40	30	50	30	30	30	30	30
Temp.-Differenz	0,7	0,6	1,0	1,0	0,5	0,16	0,3	0,14	0,2	0,4	0,15	0,21	0,14	0,28
Temp.-Diff./h	0,765	1,2	2,0	2,0	1,0	0,32	0,45	0,28	0,24	0,4	0,3	0,42	0,28	0,56
q_{Ma}' kcal/kg L	2,45	3,86	3,21	3,21	3,21	1,025	0,9	0,963	0,58	1,284	0,58	1,35	0,9	0,9

Transmissions-Wärme.

Innen-T. °C t_i	19,7	20,4	21,0	21,5	22,0	22,16	22,3	22,5	22,05	22,5	22,7	22,91	23,05	23,19
Außen-T. °C t_a	6,4	7,6	7,7	7,7	7,8	7,8	8,0	8,4	11,05	11,2	11,3	11,5	11,5	11,4
$t_i - t_a$ °C	13,3	12,8	13,3	13,8	14,2	14,36	14,3	14,1	11,0	11,3	11,4	11,41	11,55	11,79
III. Saal °C t_{III}	21,4	22,7	23,2	23,6	24	24,3	24,5	24,8	25,2	25,6	25,9	26,1	26,3	26,5
V. Saal °C t_V	16,6	16,8	16,8	17,0	17	17,2	17,3	17,5	17,6	17,7	17,8	17,8	17,9	17,9
$t_{III} + t_V$	38	39,5	40,0	40,6	41	41,5	41,8	42,3	42,8	43,3	43,7	43,9	44,2	44,4
$[t_{III} + t_V]\,{}^1\!/_2$	19	19,75	20,0	20,3	20,5	20,75	20,9	21,15	21,4	21,65	21,85	21,95	22,1	22,2
$t_i - (t_{III} + t_V)\,{}^1\!/_2$	0,7	0,65	1,0	1,2	1,5	1,41	1,4	1,35	0,65	0,85	0,85	0,96	0,95	0,99
120,5 $(t_i - [t_{III}+t_V]\,{}^1\!/_2)$	84,5	78,4	120,5	145	181	170	169	163	78,4	102,5	102,5	116	114,5	119
16,6 $(t_i - t_a)$	221	212	221	229	236	238	237	234	183	187,5	187,5	189,5	192	195,5
20%	44,2	42,4	44,2	45,8	47,2	47,6	47,4	46,8	36,6	37,5	36,6	37,9	38,4	39,1
Summe	349,7	332,8	385,7	419,8	464,2	455,6	453,4	443,8	298,0	326,6	327,5	343,4	344,5	353,6
q_{Tr} kcal/kg L	3	2,86	3,31	3,6	3,98	3,92	3,89	3,81	2,56	2,8	2,81	2,95	2,96	3,03

6*

2. Arbeitstag.

Frisch-Luft.

Zeit	8°°	8³°	9°°	9³°	10°°	10³°	11°°	11⁴°	2°°	2³°	3°°	3³°	4°°	4⁴°
t_{tr} °C	16,9	17,4	17,5	17,5	17,3	16,9	16,6	16,2	15,5	15,1	14,7	14,8	14,7	14,4
t_f °C	14	14,1	13,8	13,8	13,6	13,4	13,3	13,1	12,7	12,6	12,5	12,6	12,5	11,9
$t_{tr}-t_f$ °C	2,9	3,3	3,7	3,8	3,7	3,5	3,3	3,1	2,8	2,5	2,1	2,2	2,2	2,5
% rel. F.	73	7,0	66,5	65,5	66	67,5	69	70,5	72,5	75	77,3	77,5	77,5	75
i_a	9,25	9,3	9,2	9,05	9,0	8,85	8,8	8,7	8,4	8,4	8,4	8,4	8,4	8,0
x_a	8,75	8,65	8,3	8,2	8,15	8,12	8,15	8,1	8,0	8	8,1	8,15	8,15	7,75

Nord-Abluft.

Zeit	8°°	8³°	9°°	9³°	10°°	10³°	11°°	11⁴°	2°°	2³°	3°°	3³°	4°°	4⁴°
t_{tr} °C	22,1	22,9	23,2	23,2	23,3	23,5	23,6	23,6	23,5	23,5	23,5	23,6	23,4	24,1
t_f °C	17,2	17,8	17,6	18,1	18,4	18,5	18,6	18,4	17,8	17,9	18,1	18,4	18,4	18,3
$t_{tr}-t_f$ °C	4,9	5,1	5,6	5,1	4,9	5,0	5,0	5,2	5,7	5,6	5,4	5,2	5,0	5,8
% rel. F.	61,5	60,5	58	61	62,5	62	62	60,5	57,5	58	59	60,5	62	57,5
i_a	11,4	11,8	11,7	12	12,2	12,3	12,4	12,2	11,9	12	12	12,25	12,25	12,2
x_a	10,2	10,6	10,3	10,8	11,2	11,25	11,3	11,1	10,6	10,6	10,75	11,1	11,15	10,85

Süd-Abluft.

Zeit	8°°	8³°	9°°	9³°	10°°	10³°	11°°	11⁴°	2°°	2³°	3°°	3³°	4°°	4⁴°
t_{tr} °C	21,5	21,7	22,1	22,3	22,2	22,2	22,3	22,4	22,2	22	22	22,2	22,3	22,3
t_f °C	17	17,7	17,3	17,7	17,9	17,9	17,9	17,8	17,6	17,6	17,8	18	18	17,7
$t_{tr}-t_f$ °C	4,5	4,0	4,8	4,6	4,3	4,3	4,4	4,6	4,6	4,4	4,2	4,2	4,3	4,6
% rel. F.	63,5	67,5	62	63,5	65,5	65,5	65	63,5	63,5	65	66	66	66	63,5
i_a	11,2	11,7	11,4	11,7	11,8	11,8	11,9	11,8	11,6	11,7	11,8	11,9	11,9	11,7
x_a 2	10,15	11	10,3	10,7	11	11	11	10,8	10,65	10,75	11	11,1	11,1	10,7

Tür-Abluft.

Zeit	8°°	8³°	9°°	9³°	10°°	10³°	11°°	11⁴°	2°°	2³°	3°°	3³°	4°°	4⁴°
t_{tr} °C	22,9	23,3	23,4	23,3	23,5	23,8	23,5	23,4	24	24	24,1	24,3	24,3	24,3
t_f °C	17,0	17,6	17,5	18,4	18,6	18,6	18,6	18,6	17,5	17,9	18,3	18,4	18,5	18,4
$t_{tr}-t_f$ °C	5,9	5,7	5,9	4,9	4,9	5,2	4,9	4,8	6,5	6,1	5,8	5,9	5,8	5,9
% rel. F.	55,5	57	56	62,5	62,5	60,5	62,5	63	52,5	55	57,5	57	57,5	57
i_a	11,3	11,7	11,65	12,2	12,4	12,4	12,4	12,4	11,6	11,9	12,25	12,3	12,3	12,3
x_a	9,7	10,2	10,1	11,2	11,4	11,3	11,4	11,4	9,8	10,3	10,9	10,9	11	10,5

Luftgeschwindigkeit m/min.

	8°°	8³°	9°°	9³°	10°°	10³°	11°°	11⁴°	2°°	2³°	3°°	3³°	4°°	4⁴°
Nord-Abluft	100	100	102	102	102	102	108	112	108	107	105	102	100	95
Süd-Abluft	93	94	95	96	99	100	101	102	102	101	99	98	98	98
Tür-Abluft	178	177	176	176	176	175	172	168	174	175	176	178	178	176

Luftmengen 100 kg L/min.

	8°°	8³°	9°°	9³°	10°°	10³°	11°°	11⁴°	2°°	2³°	3°°	3³°	4°°	4⁴°
Nord-Abluft	108	108	110	110	110	110	117	121	117	116	113,5	110	108	102,5
Süd-Abluft	100,5	101,5	102,5	103,5	107	108	109	110	110	109	107	106	106	106
Tür-Abluft	228	227	226	226	226	224	220	215	223	224	226	228	228	226
Summe	436,5	436,5	438,5	439,5	443	442	446	446	450	449	446,5	444	442	434,5

Wärmemengen.

Nord-Abluft	12,3	12,75	12,9	13,2	13,4	13,5	13,85	14,76	14,5	13,9	13,6	13,5	13,2	12,5
Süd-Abluft	11,25	11,9	11,7	12,1	12,6	12,75	12,75	13,0	13,0	12,75	12,6	12,6	12,6	12,4
Tür-Abluft	25,8	26,6	26,3	27,6	28,0	27,8	25,8	26,7	27,3	26,6	27,7	28,0	28,0	27,8
Summe	49,35	51,25	50,9	52,9	54,0	54,05	52,4	54,46	54,8	53,25	53,9	54,1	53,8	52,7
Frischluft	40,4	40,5	40,3	39,7	39,9	39,1	37,8	38,8	39,2	37,7	37,0	37,3	37,1	34,7
Q_L 10000 kcal/h	8,95	10,75	10,6	13,6	14,1	14,95	14,6	15,66	15,6	15,55	16,9	16,8	16,7	18,0
q_L' kcal/kg L	7,7	9,24	9,15	11,08	12,1	12,85	12,55	13,4	13,4	13,35	14,55	14,45	14,4	15,45
	1,54	−0,09	2,53	0,42	0,75	0,55	0,80	0,05	0,55	1,20	−0,05	−0,1	−0,05	1,05

Wassermengen l/h.

Nord-Abluft	110	114,6	113	119	123	124	121,5	134	132	123	122	122	120,5	111,2
Süd-Abluft	102	111,6	105,5	111	118	119	117	119	120	117	118	118	118	133,5
Tür-Abluft	221	232	228	253	258	253	218	245	251	231	246	248	251	237
Summe	433	458,2	446,5	483	499	496	456,5	498	503	471	486	488	489,5	461,7
Frischluft	382	377	364	360	361	359	360	361	363	359	361	362	360	336
Wassermenge l/h.	51	81,2	82,5	123	138	137	96,5	137	140	112	125	126	129,5	125,7

Maschinen-Erwärmung.

Mitte °C	22	22,4	22,8	23,0	23,0	23,0	23,4	23,1	23,0	23,4	23,5	23,5	23,6	23,6
Summe	88,5	90,3	91,5	91,8	92,0	92,5	93,25	92,5	92,4	92,9	93,1	93,1	93,6	94,3
Durchschnittl. Temp. °C	22,1	22,6	22,9	23,0	23,0	23,1	23,25	23,1	23,05	23,2	23	23,4	23,4	23,6
Zeit-Diff.	30	30	30	30	30	30	30	40	30	30	30	30	30	40
Temp.-Diff.	0,5	0,3	0	0,1	0,2	−0,05	−0,05	0,05	0	−0,05	−0,1	−0,05	0,15	0,2
Temp.-Diff./h	1,0	0,6	0	0,2	0,2	−0,1	−0,1	0,075	0	−0,1	−0,1	0,3	0,3	0,3
q_{Md}' kcal/kg L	3,21	1,925	0	0,642	0,642	−0,321	−0,321	0,24	0	−0,321	−0,321	0,961	0,321	0,96

Transmissions-Wärme.

Innen-Temp. °C t_i	22,1	22,6	22,9	22,9	23,0	23,1	23,25	23,1	23,05	23,2	23,25	23,25	23,4	23,6
Außen-Temp. °C t_a	13	13,4	13,2	12,8	12,4	12,1	10,3	11,7	12,0	9,9	10,3	9,4	9,0	8,5
$t_i - t_a$ °C	9,1	9,2	9,7	10,1	10,6	11,0	12,95	11,4	11,05	13,3	12,95	13,85	14,4	15,1
III. Saal °C t_{III}	25,1	25,9	25,8	26	26,3	26,4	26,5	26,5	26,3	26,4	26,5	26,6	26,6	26,5
V. Saal °C t_V	18,7	18,9	19,1	19,2	19,1	19,0	19,2	19	19	19,2	19,2	19,2	19,3	19,4
$t_{III} + t_V$	43,8	44,4	44,9	45,2	45,4	45,4	45,7	45,5	45,3	45,7	45,6	45,8	45,8	45,9
$(t_{III} + t_V)\,\frac{1}{2}$	21,9	22,2	22,4	22,6	22,7	22,7	22,85	22,8	22,7	22,85	22,8	22,9	22,9	22,9
$t_i - (t_{III} + t_V)\,\frac{1}{2}$	0,2	0,4	0,5	0,3	0,3	0,4	0,4	0,3	0,35	0,35	0,45	0,5	0,5	0,7
120,5 $(t_i - [t_{III} + t_V]\,\frac{1}{2})$	24,1	48,2	60,2	36,2	36,2	48,3	48,2	36,2	42,2	42,2	54,2	230	60,2	84,4
16,6 $(t_i - t_a)$	151	153	161	176	182,5	182,5	215	189	183	221	215	239	244	250
20%	30,2	30,6	32,2	33,5	35,2	36,5	43	37,8	36,6	44,2	46,0	47,8	48,8	50,0
Summe	205,3	231,8	253,4	237,2	247,4	267,8	306,2	263,0	261,8	307,4	330,2	347,0	353,0	384,4
q_{TR}' kg L	1,76	1,99	2,18	2,04	2,12	2,29	2,63	2,26	2,24	2,64	2,84	2,98	3,03	3,3

3. Arbeitstag.

Zeit	7^{55}	8^{30}	9^{00}	9^{30}	10^{10}	10^{15}	10^{30}	11^{00}	11^{35}	1^{35}	2^{00}	2^{30}	3^{00}	3^{30}	4^{00}	4^{35}
Frisch-Luft.																
t_{tr} °C	19,0	20,02	20,5	20,95	21,2	21,4	16,4	15,2	14,8	14,3	14,15	13,6	13,2	12,8	12,5	12,5
t_f °C	13,6	14,7	15,0	15,4	15,7	15,9	11,4	10,4	10,2	10,3	10,2	10,0	9,8	9,6	9,4	9,4
$t_{tr}-t_f$ °C	5,4	5,32	5,5	5,55	5,5	5,5	5,0	4,8	4,6	4,5	3,95	3,6	3,4	3,2	3,1	3,1
% rel. F.	54,5	56	55,7	55,5	56,5	56,5	54,5	54,5	55,7	56,5	61	63,5	65	65,5	67,2	67,2
i_e	9,0	9,65	9,95	10,1	10,35	10,45	7,7	7,15	7,0	7,05	7,05	6,9	6,81	6,71	6,62	6,62
x_e	7,54	8,2	8,43	8,6	8,9	9,0	6,4	5,95	5,92	6,0	6,25	6,25	6,25	6,26	6,2	6,2
Nord-Abluft.																
t_{tr} °C	22,6	23,2	23,52	23,7	24,25	24,5	24,4	24,6	24,2	24,9	24,65	24,6	24,6	24,5	24,6	24,7
t_f °C	16,4	17,6	17,7	18,2	18,7	18,9	19,2	19,0	19,0	18,5	18,7	18,85	19	19	18,85	19
$t_{tr}-t_f$ °C	6,2	5,6	5,82	5,5	5,5	5,35	5,2	5,6	5,2	6,4	5,95	5,75	5,6	5,5	5,75	5,7
% rel. F.	53	57,7	56,6	59	60	60	61,3	59	61	54,2	57	58	59	59,5	58	58,6
i_a	10,81	11,7	11,78	12,15	12,9	12,7	12,9	12,72	12,7	12,4	12,57	12,62	12,76	12,75	12,65	12,76
x_a	9,1	10,3	10,29	10,85	11,3	11,52	11,8	11,5	11,6	10,8	11,19	11,31	11,51	11,52	11,3	11,5
Süd-Abluft.																
t_{tr} °C	23,2	23,9	24,2	24,6	24,8	25	24,8	24,9	24,8	25	25	25	25,1	25	25,05	25,2
t_f °C	16,4	17,7	17,9	18,5	18,8	18,9	19,1	18,8	19,0	18,6	18,45	18,8	18,8	18,8	18,8	18,9
$t_{tr}-t_f$ °C	6,8	6,2	6,3	6,1	6,0	6,1	5,7	6,1	5,8	6,2	6,55	6,2	6,3	6,2	6,25	6,3
% rel. F.	50	54,5	54,2	56	56,7	56,1	58,5	59	58	51,6	53,2	55,6	55	55,5	55,2	55
i_a	10,85	11,79	11,95	12,35	12,61	12,7	12,8	12,6	12,78	12,15	12,32	12,6	12,6	12,62	12,65	12,7
x_a	8,9	10,1	10,3	10,86	11,21	11,25	11,55	11,12	11,45	10,3	10,65	11,1	11,1	11,13	11,1	11,15
Tür-Abluft.																
t_{tr} °C	21,7	22,2	22,45	23	23,45	23,7	23,8	23,9	23,7	23,8	23,65	23,7	23,8	23,6	23,4	23,5
t_f °C	16,2	17,6	17,8	18,1	18,5	18,65	18,6	18,2	17,9	17,8	17,7	17,8	18,0	17,9	17,8	17,8
$t_{tr}-t_f$ °C	5,5	4,6	4,65	4,9	4,95	5,05	5,2	5,7	5,9	6,0	5,95	5,9	5,8	5,7	5,6	5,7
% rel. F.	56,6	63,5	63,3	62,2	62,3	61,5	60,5	57,7	56,5	56	56	56,5	57	57,5	58	57,3
i_a	10,7	11,6	11,8	12,05	12,35	12,45	12,4	12,15	11,85	11,86	11,8	11,85	12	11,9	11,81	11,81
x_a	9,22	10,6	10,8	11,0	11,31	11,34	11,3	10,76	10,35	10,3	10,29	10,35	10,56	10,5	10,45	10,38
Luftgeschwindigkeit m/min.																
Nord-Abluft	201	203	205	207	208	185	209	61	57	55	56	58	58	59	60	61
Süd-Abluft	180	180	180	180	184	185	67	63	60	60	61	62	62	62	63	64
Tür-Abluft	8	8	8	8	9	9	89	94	98	108	108	108	107	107	107	106
Luftmengen 100 kg L/min.																
Nord-Abluft	217	219	222	224	225	226	72,4	66	61,5	59,4	60,5	62,6	62,6	63,7	64,8	65,9
Süd-Abluft	194	194	194	194	199	200	64,5	68	64,8	64,8	65,9	67	67	67	68	69
Tür-Abluft	10,25	10,25	10,25	10,25	10,25	11,5	114,0	120	125,5	138	138	138	137	137	137	136
Summe	421,25	423,25	426,25	428,25	434,25	437,5	250,9	254	251,8	262,2	264,4	267,6	266,6	267,7	269,8	270,9

Wärmemengen.

Nord-Abluft	23,5	25,6	26,1	27,2	28,1	28,7	8,4	7,81	7,37	7,6	7,9	7,98	8,13	8,2	8,41
Süd-Abluft	21,05	22,8	23,2	23,8	25,1	25,4	8,57	8,28	7,87	8,13	8,45	8,45	8,45	8,6	8,76
Tür-Abluft	1,1	1,19	1,21	1,24	1,27	1,43	14,6	14,9	16,4	16,3	16,35	16,45	16,3	16,2	16,1
Summe	45,55	49,59	50,51	52,24	54,47	55,53	31,57	30,99	31,64	32,03	32,7	32,88	32,88	33,0	33,27
Frischluft	37,9	40,8	42,4	43,3	45	45,7	18,15	17,6	18,5	18,6	18,45	18,2	17,95	17,84	17,9
Q_L 10 000 kcal/h	7,65	8,79	8,11	8,94	9,47	9,83	13,42	13,39	13,4	13,43	14,25	14,68	14,93	15,16	15,37
q_L kcal/kg L	6,56	7,55	6,97	7,68	8,14	8,44	11,05	11,5	11,3	11,52	11,52	12,25	12,6	12,84	13,0 · 13,2
q_L' kcal/kg L	0,99	—	0,58	0,71	0,46	0,30	2,61	0,45	0	—	0,22	0,73	0,35	0,24	0,16 · 0,2

Wassermengen l/h.

Nord-Abluft	197	226	228	243	254	261	76	71,3	64,2	67,6	71	72,2	73,5	73,6	75,8
Süd-Abluft	173	196	200	210,5	223,5	225	75,7	74,2	66,8	70,2	74,7	74,4	74,6	75,5	77,0
Tür-Abluft	9,55	10,9	11,1	11,3	11,6	13,05	129	130	142	142	143	144,5	144	143,0	141,0
Summe	379,55	432,9	439,1	464,8	489,1	499,05	280,7	275,5	273	279,8	288,7	291	292,1	292,1	298,8
Frischluft	318	347	359	368	386	394	151	148,6	157,1	165,4	167,0	166,5	168	167	168
Wassermenge l/h	61,55	85,9	80,1	96,8	103,1	105,05	129,7	126,9	115,9	114,4	121,7	124,6	124,1	125,1	125,8

Maschinen-Erwärmung.

Mitte °C	22,5	23,1	23,7	23,9	24,2	24,2	24,3	23,6	24	24	23,9	23,8	24	24,1	23,9
Summe °C	90	92,4	93,87	95,2	96,5	97,35	97,7	96,3	97,7	97,3	97,2	97,35	97,1	97,15	97,3
Durchschnittl. Temp. °C	22,5	23,1	23,45	23,8	24,1	24,36	24,4	24,1	24,4	24,3	24,3	24,34	24,28	24,29	24,3
Zeit-Diff.	35	30	30	30	15	15	35	30	25	30	30	30	30	35
Temp.-Diff.	0,6	0,35	0,35	0,3	0,26	0,04	— 0,3	0,3	— 0,1	0	0,04	0,08	— 0,06	— 0,01	0,01
Temp.-Diff./h	1,03	0,7	0,7	0,35	1,04	0,16	— 0,515	0,515	— 0,24	0	0,256	0,385	— 0,12	— 0,02	0,0171
q_{Ma}' kcal/kg L	3,3	2,24	2,24	1,925	3,34	0,512	— 1,65	1,65	— 0,77	0	0,256	0,585	— 0,065	— 0,01	0,055

Transmissions-Wärme.

Innen-Temp. °C t_i	22,5	23,1	23,45	23,8	24,1	24,1	24,4	24,1	24,4	24,3	24,34	24,28	24,3	24,3
Außen-Temp. °C t_a	7,0	7,4	8,1	8,5	9,1	9,1	9,5	9,2	8,8	8,4	8,0	7,8	7,1
$t_i - t_a$	15,5	15,7	15,35	15,3	15,0	15,0	14,9	14,9	15,6	15,8	15,9	10,34	16,48	16,2
III. Saal °C t_{III}	24,8	25,6	26	26,5	26,8	27	27,1	27,2	27	27	27	27,1	27,2
V. Saal °C t_V	17,2	17,3	17,5	17,6	17,8	18	18,2	18,6	18,6	18,8	18,9	18,8	18,7
$t_{III} + t_V$	42,0	42,9	43,5	44,1	44,6	45	45,3	45,4	45,6	45,8	45,9	45,9	45,9
$(t_{III} + t_V) \frac{1}{2}$	21	21,45	21,75	22,05	22,3	22,5	22,65	22,7	22,8	22,9	22,9	22,9	22,9
$t_i - (t_{III} + t_V) \frac{1}{2}$	1,5	1,65	1,7	1,75	1,8	1,9	1,75	1,4	1,6	1,4	1,44	1,38	1,4
$120,5\ (t_i - t_a)$	181	199	205	211	217	229	211	169	193	169	174	166	169
$16,6\ (t_i - t_a)$	258	260	255	254	249	248	246	259	262	264	272	273	269
20%	51,6	52	51	50,8	49,8	49,8	49,2	49,6	51,8	52,4	52,8	54,4	54,6	53,8
Summe	490,6	511	511	515,8	505,8	506,8	526,6	466,0	503,8	483,4	485,8	500,4	493,6	491,8
q_{TR} WE/kg L	4,22	4,39	4,44	4,35	4,35	4,52	4,6	4,33	4,15	4,18	4,29	4,24	4,22

4. Arbeitstag.

Zeit	7^{50}	8^{30}	9^{00}	9^{30}	10^{00}	10^{30}	11^{00}	11^{35}	1^{50}	2^{20}	3^{00}	3^{30}	4^{00}
Frisch-Luft.													
t_{tr} °C	19,6	20,05	20,4	20,65	20,8	21	21,2	21,4	21,2	21,45	21,7	21,7	21,7
t_f °C	13,5	14,4	14,9	15	15,1	15,2	15,2	15,2	14,5	14,8	15	15,05	15
t_{tr} — t_f °C	6,1	5,65	5,5	5,65	5,7	5,8	6,0	6,2	6,7	6,65	6,7	6,65	6,7
% rel. F.	50,5	54	55,8	55	54,5	54	53	51,7	48	48,6	48,7	49	48,7
t_e	9,0	9,55	9,9	9,95	10,0	10,02	10,05	10,0	9,58	9,77	9,9	9,91	9,9
x_a	7,27	8,0	8,4	8,38	8,4	8,41	8,35	8,25	7,57	7,8	7,9	8,0	7,9
Nord-Abluft.													
t_{tr} °C	22,4	22,9	23,5	23,8	24,1	24,3	24,5	24,65	24,8	24,8	24,8	25	25,4
t_f °C	16,5	17,5	17,5	17,7	17,95	18,2	18,35	18,6	18,3	18,6	18,0	18,8	18,8
t_{tr} — t_f °C	5,9	5,7	6,0	6,1	6,15	6,1	6,15	6,05	6,5	6,2	6,0	6,2	6,6
% rel. F.	55	56,7	55,5	55	55	55,5	55,5	56,2	53,5	55,5	56,7	55,5	53,2
i_a	10,91	11,4	11,65	11,8	11,96	12,15	12,29	12,5	12,2	12,49	12,2	12,61	12,6
x_a	9,31	9,87	10,07	10,19	10,35	10,6	10,74	11,05	10,52	11,0	11,2	11,13	10,96
Süd-Abluft.													
t_{tr} °C	22,9	23,4	24,1	24,4	24,8	24,8	25,35	25,5	25,6	25,75	25,9	26	26,4
t_f °C	16,4	17,4	17,8	18,05	18,2	18,43	18,8	19,0	19,1	19,3	19,55	19,7	20,4
t_{tr} — t_f °C	6,4	6,0	6,3	6,35	6,6	6,67	6,55	6,5	6,5	6,45	6,35	6,3	6,2
% rel. F.	51,4	55,5	54	54	52,6	52,5	53,5	54,2	54	55	55,3	56	56,7
i_a	10,85	11,6	11,85	12,02	12,14	12,3	12,7	12,8	12,85	13	13,2	13,3	13,7
x_a	9,0	10,0	10,17	10,37	10,4	10,55	11,01	11,2	11,26	11,5	11,67	11,86	12,3
Tür-Abluft.													
t_{tr} °C	21,4	21,65	22,4	22,8	23	23,22	23,5	23,7	24,3	24,4	24,4	24,6	24,8
t_f °C	16,4	17,05	17,4	17,6	17,65	17,83	18,1	18,3	17,8	18,0	18,2	18,4	18,6
t_{tr} — t_f °C	5,0	4,6	5,0	5,2	5,35	5,39	5,4	5,4	6,5	6,4	6,2	6,2	6,2
% rel. F.	60	63	61	60	59	59	59	59,4	52,5	53,5	55	55	55,7
i_a	10,8	11,26	11,5	11,68	11,7	11,9	12	12,19	11,8	12,0	12,15	12,3	12,45
x_a	9,5	10,2	10,3	10,4	10,4	10,61	10,72	11,0	10,0	10,26	10,58	10,72	10,95
Luftgeschwindigkeit m/min.													
Nord-Abluft	153	153	152	149	146	144	146	140	137	136	136	136	133
Süd-Abluft	140	142	144	145	146	146	146	146	140	140	138	133	130
Tür-Abluft	20	21	22	21	21	22	28	36	52	52	46	45	44
Luftmengen 100 kg L/min.													
Nord-Abluft	165,4	165,4	164,1	161	158	156	154,5	151	148	147	147	147	144
Süd-Abluft	151,5	153,5	156,0	157	158	158	158	158	151	151	149	144	140,5
Tür-Abluft	25,6	26,9	28,2	26,9	26,9	28,2	35,8	46,1	66,5	66,5	59	57,6	46,4
Summe	342,5	345,8	348,3	344,9	342,9	342,2	348,3	355,6	365,5	364,5	355	348,6	330,9

Wärmemengen.

Nord-Abluft	18,0	18,85	19,1	19,0	18,9	18,95	19,1	18,9	18,06	18,34	18,5	18,55	18,15
Süd-Abluft	16,41	17,8	18,5	18,9	19,2	19,45	20,1	20,2	19,4	19,61	19,7	19,16	19,25
Tür-Abluft	2,76	3,02	3,24	3,14	3,15	3,36	4,3	5,61	7,85	7,98	7,16	7,10	5,78
Summe	37,17	39,67	40,84	41,04	41,25	41,76	43,5	44,71	45,31	45,93	45,36	44,81	43,18
Frischluft	30,8	33,0	34,5	34,3	34,29	34,3	35,0	35,56	35,0	35,6	35,2	34,6	32,8
Q_L 10000 kcal/h	6,37	6,67	6,34	6,74	6,96	7,46	8,5	9,15	10,31	10,33	10,33	10,21	10,3
q_L kcal/kg L	5,47	5,73	5,45	5,78	5,98	6,42	7,3	7,87	8,86	8,87	8,72	8,78	8,85
q_L' kcal/kg L	0,26	−0,28	0,33	0,2	0,44	0,88	0,57	0,01	−0,15	−0,06	−0,07		

Wassermengen l/h.

Nord-Abluft	154	163	165,1	164	163,7	165,2	166	167	156	162	165	164	158
Süd-Abluft	136,1	153,5	158,5	162,5	164,4	167,0	174	177	170	173,8	174	171	173
Tür-Abluft	24,3	27,4	29,0	28,0	28,0	30,0	38,4	50,7	66,5	68,3	62,4	61,9	50,8
Summe	314,4	343,9	352,6	354,5	356,1	362,2	378,4	395,0	392,5	404,1	401,4	396,9	381,8
Frischluft	249,0	276,0	293	289,2	288	288	291	293,0	276,0	284,1	280	279	261,2
Wassermenge l/h	65,4	67,9	59,6	65,3	68,1	74,2	87,4	102,2	116,5	120	121,4	117,9	120,6

Maschinen-Erwärmung.

Mitte °C	22,7	23,4	23,7	24,3	24,9	25,22	25,3	25,4	25,4	25,4	25,4	25,4	25,5
Summe	89,4	91,35	93,7	95,3	96,8	97,84	98,65	99,25	100,1	100,35	100,5	101,0	102,1
Durchschnittl. Temp. °C	22,3	22,8	23,4	23,8	24,2	24,45	24,7	24,8	25,02	25,09	25,12	25,2	25,5
Zeit-Diff.	40	30	30	30	30	30	30	30	35	30	40	30	30
Temp.-Diff.	0,5	0,6	0,4	0,4	0,4	0,25	0,25	0,25	0,1	0,07	0,03	0,08	0,3
Temp.-Diff./h	0,75	1,2	0,8	0,8	0,8	0,5	0,5	0,5	0,2	0,14	0,045	0,16	0,6
q_M' kcal/kg L	2,4	3,85	2,57	2,57	2,57	1,6	1,6	1,6	0,64	0,45	0,144	0,51	1,925

Transmissions-Wärme.

Innen-Temp. °C	22,3	22,8	23,4	23,8	24,2	24,45	24,7	24,8	25,02	25,09	25,12	25,2	25,5
Außen-Temp. °C	3,9	4,4	4,1	3,9	4	4,6	5,4	6,8	7,7	7,6	7,6	7,8	7,8
$t_i — t_a$ °C	18,4	18,4	19,3	20,2	20,2	19,85	19,3	19,0	17,8	17,49	17,52	17,4	17,7
III. Saal °C t_{III}	25,1	26	26,4	26,8	27,1	27,3	27,5	27,7	27,8	28,1	28,5	28,7	28,8
V. Saal °C t_V	17,1	17,1	17,1	17,1	17,2	17,2	17,2	17,3	17,7	17,8	18	18	18
$t_{III} + t_V$	42,2	43,1	43,5	43,9	44,3	44,5	44,7	45,0	45,5	45,9	46,5	46,7	46,8
$(t_{III} + t_V)^{1/2}$	21,1	21,5	21,7	21,95	22,1	22,25	22,3	22,5	22,32	22,19	23,23	23,34	23,4
$t_i — (t_{III} + t_V)^{1/2}$	1,2	1,3	1,7	1,85	2,1	2,25	2,4	2,3	2,32	2,19	1,92	1,9	2,1
$120,5 (t_i — [t_{III} + t_V]^{1/2})$	144,6	156,6	205	223	253	271	289	277	280	264	231,3	229	253
$16,5 (t_i — t_a)$	306	306	320	330	335	330	320	315	288	290	291,5	289	294
20%	61,2	61,2	64	66	67	66	64	63	57,6	58	58,3	57,8	58,8
Summe	511,8	523,8	589	619	655	667	673	655	625,6	612	581,1	566,8	605,8
q_{TR} kcal/kg L	4,4	4,5	5,05	5,3	5,63	5,73	5,8	5,63	5,37	5,25	5,0	4,76	5,2

Quellen.

1. Dr. Hubert Krantz, Luftbefeuchtung nebst Heizung, Kühlung und Lufterneuerung in Spinnereien und Webereien. Dissertation München, Techn. Hochschule 1925.
2. Dipl.-Ing. M. Hirsch, Grundsätze zeitgemäßer Lüftung. Gesundheits-Ingenieur 1928, S. 550.
3. Bulletin de la Société industrielle de Mulhouse 1890/91/93.
4. Dr.-Ing. Otto Willkomm, Beiträge zur Frage der Luftbefeuchtung in Spinnereien und Webereien. Habilitationsschrift 1909, Theodor Martins Textilverlag, Leipzig.
5. Gebr. Körting, A.-G., Z. d. V. d. I. 1922, S. 1000.
6. E. Stadelmann, Die Luftbefeuchtung für Räume der Textilindustrie 1917. Ges.-Ing. S. 434.
7. Derselbe, Der Einfluß der Raumluftbeschaffenheit auf die Rendite aller textiltechnischen Betriebe. 1927, Reichenberg, Gebr. Stiepel, G. m. b. H.
8. A. W. Thompson, The Textil Recorder, 15. IX. 1927.
9. Rietschel-Brabbée, Leitfaden der Heiz- und Lüftungstechnik. 1922, Springer, Berlin.
10. Dr.-Ing. M. Grubenmann, Ix-Tafeln feuchter Luft. 1926, Berlin, Springer.
11. Beiheft 5/6 zum Zentralblatt für Gewerbehygiene und Unfallverhütung. Leipzig-Berlin.
12. Nußbaum, Untersuchungen in Baumwollspinnereien. Ges.-Ing. 1913, S. 649.
13. A. W. Thompson, Die Wirkung von Feuchtigkeit auf die Leistungsfähigkeit von Textilarbeitern. The Textile Recorder, 15. Sept. 1927.
14. W. Zimm, Über die Strömungsvorgänge im freien Luftstrahl 1921. Berlin, Forschungsarbeiten a. d. Geb. d. Ing.-Wes., Heft 234.
15. Katalog der Deutschen Werke A.-G., Ingolstadt 1923.
16. A. Gramberg, Technische Messungen, Berlin 1920.
17. O. Knoblauch, K. Henky, Anleitung zu genauen technischen Temperaturmessungen. München-Berlin 1926.
18. Regeln für die Leistungsversuche an Ventilatoren und Kompressoren. V. D. I.-Verlag, Berlin 1929.
19. Landolt u. Börnstein, Physikalische und chemische Tabellen. 1912, Berlin.
20. Prof. H. Brüggemann, Zeitschrift der freien Vereinigung ehemaliger Schüler der Spinn- und Webeschule zu Mühlhausen i. Els. 4. Jahrg. 1905.
21. Der Textilmarkt Pößneck, Nr. 37, Jahrg. 1928.
22. Ernst Müller, Über den Wassergehalt der Faserstoffe in seiner Abhängigkeit von dem Feuchtigkeitsgehalt der Atmosphäre. Ziviling. 1882, S. 158.
23. Prof. Dr. Czaplewsky, Verwendung des Ozons bei der Lüftung in hygienischer Beziehung. Ges.-Ing. 1913.
24. Dr. Ludwig Dietz, Lehrbuch der Lüftungs- und Heizungstechnik 1920. München und Berlin.
25. Dr. A. Wegener, Thermodynamik der Atmosphäre. 1911, Leipzig.
26. Ernst Hochschwender, Über das Zerblasen von Wassertropfen im Luftstrom. Inauguraldissertation Heidelberg 1919.
27. W. Schmidt, Sitzungsberichte der Wiener Akademie der Wissenschaften. 1910, Bd. 119, Abt. II a.

www.ingramcontent.com/pod-product-compliance
Lightning Source LLC
Chambersburg PA
CBHW031450180326
41458CB00002B/723